青少年自然科普丛书

气象万千

方国荣　主编

台海出版社

图书在版编目（CIP）数据

气象万千 / 方国荣主编． —北京：台海出版社，
2013. 7
（大自然科普丛书）
ISBN 978-7-5168-0197-0

Ⅰ．①气…Ⅲ．①方…Ⅲ．①气象学—青年读物
②气象学—少年读物 Ⅳ．①P4-49

中国版本图书馆CIP数据核字（2013）第130467号

气象万千

主　　编：方国荣

责任编辑：戴　晨
装帧设计：视界创意　TEL:13386828408　　版式设计：钟雪亮
责任校对：刘　琳　　　　　　　　　　责任印制：蔡　旭

出版发行：台海出版社
地　　址：北京市朝阳区劲松南路1号，　　邮政编码：　100021
电　　话：010－64041652（发行，邮购）
传　　真：010－84045799（总编室）
网　　址：www.taimeng.org.cn/thcbs/default.htm
E-mail：thcbs@126.com

经　　销：全国各地新华书店
印　　刷：北京一鑫印务有限公司
本书如有破损、缺页、装订错误，请与本社联系调换

开　　本：710×1000　　1/16
字　　数：173千字　　　　　　　　印　　张：11
版　　次：2013年7月第1版　　　　印　　次：2021年6月第3次印刷
书　　号：ISBN 978-7-5168-0197-0

定价：28.00元

目录 MU LU

我们只有一个地球

方国荣

　　巨人安泰是古希腊神话中一个战无不胜的英雄，他是人类征服自然的力量象征。

　　然而，作为海神波塞冬和地神盖娅的儿子，安泰战无不胜的秘诀在于：只要他不离开大地——母亲，他就能汲取无尽的能量而所向无敌。

　　安泰的秘密被另一位英雄赫拉克勒斯察觉了。赫拉克勒斯将他举离地面时，安泰失去了母亲的庇护，立刻变得软弱无力，最终走向失败和灭亡。

　　安泰是人类的象征，地球是母亲的象征。人类离不开地球，就如鱼儿离不开水一样。

　　人类所生存的地球，是由土地、空气、水、动植物和微生物组成的自然世界。这个世界比人类出现要早几十亿年，人类后来成为其中的一个组成部分；并通过文明进程征服了自然世界，成为自然的主人。

　　近代工业化创造了人类的高度物质文明。然而，安泰的悲剧又出现了：工业污染，动物濒灭，森林砍伐，水土流失，人口倍增，资源贫竭，粮食危机……地球母亲不堪重负，人类的生存环境遭到人类自身严重的破坏。

　　人类曾努力依靠文明来摆脱对地球母亲的依赖。人造卫星、航天飞机上天，使向月亮和其他星球"移民"成为可能；对宇宙的探索和征服使人类能够寻找除地球以外的生存空间，几千年的神话开始走向现实。

　　然而，对于广袤无际的宇宙和大自然来说，智慧的人类家族仍然是幼稚的——人类五千年的文明成果对宇宙时空来说只是沧海一粟。任何成功的旅程都始于足下——人类仍然无法脱离大地母亲的庇护。

美国科学家通过"生物圈二号"的实验企图建立起一个模拟地球生态的人工生物圈，使脱离地球后的人类能到宇宙中去生存。然而，美好理想失败了，就目前的人类科技而言，地球生物圈无法人工再造。

英雄失败后最大的收获是"反思"。舍近求远不是唯一的出路，我们何不珍惜我们现在的生存空间，爱我地球、爱我母亲、爱我大自然，使她变得更美丽呢？

这使人类更清晰地认识到：人类虽然主宰着地球，同时更依赖着地球与地球万物的共存；如果人类破坏了大自然的生态平衡，将会受到大自然的惩罚。

青少年是明天的主人、世界的主人，21世纪是科学、文明、人与自然取得和谐平衡的世纪。保护自然、保护环境、保护人类家园是每个青少年义不容辞的职责。

"青少年自然科普丛书"是一套引人入胜的自然百科和环境保护读物，融知识性和趣味性于一炉。你将随着这套丛书遨游太空和地球，遨游海洋和山川，遨游动物天地和植物世界；大至无际的天体，小至微观的细菌——使你从中学到丰富的自然常识、生态环境知识；使你了解人与自然的关系，建立起环境保护的意识，从而激发起你对大自然、对人类本身的进一步关心。

◎ 环球气候 ◎

　　地球周围的大气，在太阳光和热的作用下，像无形的野马，在永无休止地奔腾着。它运动的形式多种多样，范围有大有小。正是这种不断的大气运动，形成了地球上不同地区的不同气候。

永不休止的大气运动

地球周围的大气，在太阳光和热的作用下像无形的野马，在永无休止地奔腾着。它运动的形式多种多样，范围有大有小。正是这种不断的大气运动，形成了地球上不同地区的不同天气和气候。

地球上各个地区接受到太阳的光和热是不同的。赤道和低纬度地区受热多，空气容易膨胀，变轻上升；极地和高纬度地区受热少，空气收缩下沉。这样，就使赤道地区上空的气压高于极地上空的气压。这种气压的南北差异，促使赤道上空的空气向极地上空方向流动。

赤道上空的空气不断流出，空气质量逐渐减少，地面气压下降而形成一个常年存在的低气压区。这个低气压区称为赤道低压区。

在极地上空，因有空气不断流入，地面气压就会升高而形成一个高压区，称为极地高压区。

于是，在大气低层就出现了极地气压高于赤道气压的气压差异，产生了自极地流向赤道的大气运动。这支气流自极地到达赤道地区时，又增热上升，补充赤道上空流走的空气质量。这样，在赤道和极地之间就形成了一个南北向的闭合环流，气象上称为"哈特莱环流"。

同时，大气运动时时刻刻都受到地球自转运动所产生的偏向力的作用。在北半球，空气流动的方向要发生向右的偏转；在南半球要发生向左的偏转。这样，当赤道上空的空气在向南北两极流动时，它的运动方向就要不断发生向右或向左的偏转。大约到了纬度30°～35°附近的高空，气流偏转方向接近90°。也就是说，原来是南北方向的气流，逐渐变成东西方向了。这样，从赤道上空源源不断流动过来的空气，受到这股东西方向气流的阻挡，渐渐堆积起来，空气开始下沉，结果使这一区域中下层的大气压力增高，形成了常年稳定、势力庞大的副热带高压带。因副热带高压带内盛行下沉气流，常年缺云少雨，所以是个宽阔的无风带。

此外，还有环绕全球、气势磅礴的西风带和东风带。西风带内的大气，有明显的波动，它很像大江里的波浪，高低起伏，奔腾不息。由于我国地处中纬度地区，规模庞大的西风带从我国上空通过，对我国的天气、气候有很大影响。

气旋——大气的旋涡

不同的天气现象是由不同的天气系统产生的。气旋和反气旋是两种最基本的天气系统。

像江河里大大小小的涡旋一样，在大气中也有各种不同的涡旋，它们随着主流，一面旋转，一面前进。在北半球，空气环绕中心作反时针方向旋转的大型旋涡，称为气旋；空气环绕中心作顺时针方向旋转的大型空气旋涡，称为反气旋。

在南半球正好相反，气旋按顺时针方向旋转，反气旋按反时针方向旋转。在西风带里，气旋和反气旋随着基本气流由西向东移动；在东风带里，气旋和反气旋则随着基本气流由东向西移动。

气旋和反气旋都是大型天气系统，影响范围很广。气旋的直径一般有1000公里，小的也有200~300公里，大的可达到2000~3000公里。反气旋更大，最大的范围可以跟大洲大洋相比，气旋、反气旋的形成和移动对广大地区的天气有很大影响。分析和预报气旋和反气旋的发生、发展、移动和变化，是天气预报的重要内容。

在气旋区里，气流自外向内辐合汇集，气流挟带着地面空气层中的水气上升，到高空冷却凝结，形成云雨。因此，气旋区内的天气一般都是阴雨天气。在反气旋区里，气流自内向外辐散，盛行下沉气流，一般都为晴好天气。由于我国地处中纬度地区，气旋和反气旋活动都相当频繁。我国大陆上许多剧烈的天气变化，大多是受气旋和反气旋影响造成的。例如冬季，位于我国北部的蒙古高原天气十分寒冷，常形成反气旋高压中心。这个冷性反气旋一旦南下，就会给我国广大地区带来强大的寒潮，严重影响我国的天气。又如台风，是一个威力十分强大的热带气旋，伴随而来的是狂风暴雨，惊涛骇浪。

天气预报广播中，常常出现"低压槽"和"高压脊"两个名词，实际上就是气旋和反气旋。

在北半球的西风带里，大气是呈波浪起伏式运动的。波浪的低谷区就是低压槽，气流作反时针方向旋转，气压分布是中间低、四周高，空气自外界向槽内流动，槽内空气辐合上升，形成阴雨天气。波浪的高峰区就是高压脊，气流作顺时针方向旋转，气压分布是中间高、四周低，空气自中心向外辐散，脊内盛行下沉气流，一般天气晴好。一对槽脊，一低一高组成一个波动。西风带里的高空槽脊系统就叫西风波。

高空的槽脊系统与地面的天气变化有密切的关系。如在北半球的西风带里，高空槽前一般吹西南风，这种风能把孟加拉湾和印度洋上空的暖湿空气输送到我国中纬度地区，为形成云雨创造了条件。而高空槽后（即高压脊前）一般吹西北风，地面是一个高气压区，天气由阴转晴。

高空槽脊形成后，不停地移动和变化，有时加强，有时减弱。随着高空槽脊的移动变化和加强减弱，地面的天气也会随之发生相应的变化。因此，做好高空槽脊系统活动变化的预报，是天气预报中的重要内容。

大气团冷暖交锋形成雨

在地球表面，存在一些巨大的空气团，它的水平范围长达几百公里到上千公里，垂直厚度达几公里到十几公里。在这个大空气团里，气温、湿度、天气都大致相同，变化不大。人们把这种大空气团称为"气团"。

从温度差异来看，气团可分为冷气团和暖气团两大类。冷气团多来自寒冷干燥的北方大陆。那里，常年冰雪覆盖，日照时间短、气温低、湿度小，大范围的空气长时间受这种地表面形质的影响，就会逐渐形成一个范围广阔、属性比较均匀的冷气团。当这种冷气团南下时，常表现为乱风、降温。在夏季还会促使对流云系发展，并可能引起雷暴天气。暖气团多来自南方热带地区或海洋上，一般湿度较大，气温较高。当它移动到一个地表温度较低的地区时，低层变冷，空气对流不易发展，多为稳定性的晴好天气。

我国陆地表面形状复杂，一般很难形成稳定宽厚的气团。影响我国的气团，大多是从西伯利亚、蒙古国和西太平洋、南海等地移动过来的。

冬季，我国主要受西伯利亚和蒙古高原冷气团影响，出现寒潮。热带太平洋气团和南海气团，在冬季对我国南部地区的天气也有较大影响。冬季的南海气团，主要活动在我国云南地区，使这里天气晴朗，温暖如春。热带太平洋气团入侵时，气温显著上升，形成冬季中的热浪，加上气团水汽含量较多，常可引起我国南方地区的降水。

夏季，热带太平洋气团开始北上影响我国。当它刚从海上移入时，往往产生雷雨等不稳定性天气，特别是在浙闽山地和南岭附近，因地形抬升作用，常有雷暴形成。当这个气团继续向北推进并在我国久留时，天气反而变得炎热晴朗。夏季中的西伯利亚气团北退，对我国的影响减弱。

春秋两季是西伯利亚气团和热带太平洋气团互相交锋、势均力敌、徘徊推移的过渡季节，天气多变，常常阴雨连绵。

锋面是冷暖气团之间一个狭窄的交界面。在锋面的两侧，气温显著不同。这里常常是雷声隆隆，狂风呼啸，天气状况十分恶劣。

　　锋面在空间上是一个倾斜的面，它在高空的宽度通常有200～400公里，水平长度可达数千公里。但高度低的只有1～2公里，最高的也只能伸展到十几公里。它在地面的影响范围可达100多万平方公里。

　　锋面是冷暖气团互相接近、推移而形成的。因冷气团内空气比重大，分量重，所以锋面的下面总是冷气团，上面是暖气团。根据锋面两侧冷暖气团势力的强弱，可形成不同特点的锋面系统。

　　当冷气团强，推动着暖气团，使锋面朝暖气团一侧移动时，称为冷锋；当暖气团强，推动着冷气团，使锋面朝冷气团一侧移动时，称为暖锋。当暖气团、冷气团势均力敌，暂时分不出强弱时，锋面就很少移动，称为准静止锋。还有一种更为复杂的锋，称为锢囚锋。它是在暖气团、较冷气团和更冷气团三者互相影响和作用下形成的。

　　不同的锋有不同的结构，具有不同的天气特征。冷锋影响时，一般多为大风、降温及雷雨、冰雹等剧烈性天气。冷锋一过，天气迅速好转。暖锋影响时，一般云层宽广，多为连续性、大范围降雨天气。准静止锋影响时，云层更为宽广，降雨时间更长。我国江南地区的"清明时节雨纷纷"，就常常跟准静止锋活动有关。

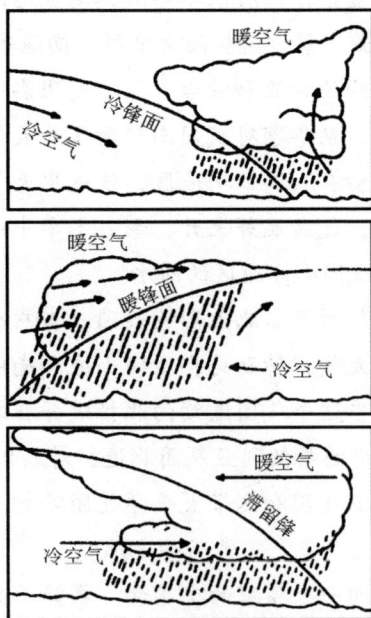

"世界火炉"——热极

从全球来看，气候的基本状况是：离赤道较近，接受太阳光热最多，气候最热；离两极越近，接受的太阳光热很少，气候越冷。气候还受到地形和海洋等影响。一般来说，地势越高，气温越低；地势越低，气温越高，离海近，降水多；离海远，降水少。

我国吐鲁番盆地四周是高山，中间有座低山——火焰山。夏天，这里阳光灼照，红色砂岩闪烁着红光，被称为"火洲"，每年有3个月时间气温在40℃以上。1965年7月，出现了气温48.9℃最高记录，成为我国最热的地方。

1922年9月13日，在非洲利比亚的黎波里以南的加里延，盛吹"吉卜利"风时，以57.8℃刷新了世界热极的记录。当地人竟能在阳光下的墙上烙饼吃。太阳把人的汗水很快烤干了。

到了1933年8月，墨西哥的圣路易斯也测到了57.8℃的最高温度。这样，圣路易就同加里延分享世界"热极"的称号。

如果以年平均温度来说，埃塞俄比亚的达洛尔，1960—1966年间的年平均气温是34.4℃，也是世界的"热极"。

厄立特里亚的马萨瓦和索马里的柏培拉也说得上是"世界火炉"。这两个城市的年平均气温在30℃以上。马萨瓦7月平均气温达44℃，柏培拉7月平均气温达47.2℃。

世界"热极"加里延和圣路易斯，都位于副热带地区，在副热带高气压带控制下，空气下沉，少云而干旱。这一带还受到从干旱地区吹来的东北信风影响，使空气更加干燥，大地一片荒芜。在阳光灼照下，毗邻的沙漠地带吸热快，温度剧升。有些地方地势较低，热空气不易散去，于是出现了"热极"。

"呼气成冰"的冷极

世界上最冷的地方一般来说，应当在极地或高山地区。

1969年2月13日。我国在黑龙江省漠河地区测得−52.3℃最低气温。后来，有一年冬天早晨又出现了−58.7℃最低气温，至今尚未打破。而通过无线电探空观测，珠穆朗玛峰曾出现过−60℃的低温。

世界"冷极"最早是在北极地区测到的−59.9℃低温记录。以后在西伯利亚的维尔霍扬斯克、奥伊米亚康，出现了−73℃的低温记录。以后"冷极"从北极迁移到了南极洲。经过几次刷新纪录，于1960年8月，东方站记录到−88.3℃的最低温记录。1967年，挪威科学家在南极点附近测到−94.5℃的新纪录。

在这种气温下，汽油会凝固，煤油不再燃烧，橡胶变硬发脆，连人们呼吸的热气，也会在空中凝固。

如果以平均气温来说，北半球的冷极在格陵兰岛的埃斯密脱，年平均温度为−32.5℃；而南半球的冷极在南极洲，位于南纬78° 东经96°的地方，年平均气温低达−58℃。

奥伊米亚康位于北极圈附近的谷地，三面被高山包围，北面却向北冰洋敞开，南方暖空气被山脉阻挡在外。而来自北方的冷空气长驱直入，停滞谷内，气温就大大降低了。

南极洲大部位于南极圈内，大多是海拔3000米左右的高原，离海洋远，冬季长夜漫漫，气温急剧降低；夏天虽有几十天极昼，但太阳斜射，光热微弱，冰雪难以消融，一直保持了很低的气温。

地球的"循环水库"

据估计，地球蕴藏有大约13.6亿立方公里的水。水还会对各种各样的能做出反映——太阳能、地心吸力、太阳和月亮的潮力，结果造成自然循环。在这自然的循环中，水被利用、净化、再利用，已达30亿年之久了。

水是在地球冷却时，由氢和氧的化学作用而形成的，即两个氢原子和一个氧原子化合成H_2O。这种理论已被接受。由于构成地球的气体冷却变成液体粒子，因此，稠密的云层把整个地球包裹住了。

当温度下降时，云便聚成水降落。地球上曾有一场倾盆大雨连续下了6万年，把地球外壳由熔岩变硬时留下来的海洋和低谷灌满了水。

虽然水仍在人工和自然过程中不断产生，但是海洋的水平面、地球上的水量几乎保持不变的状态，因为人造的水数量相当少，而火山岩形成过程中所产生的水与矿物质风化时失去的以及沉淀时所吸收的水是相等的。

世界上的水大约97.2%在海洋里，2.15%存在于冰山以及高山地带的古冰川里。

其余的水分布在从深入地表5公里到高达11公里的大气层的空间之中。

江河溪流里的水仅占0.0001%，即为1250立方公里。地表其它地方的水总量大约23万立方公里，而且分为内陆海湖、淡水湖和咸水湖。

此外，地表底下尚储藏有834万立方公里的水，上面一层称为包气带，水依附在土壤和岩石里，被植物吸收，又通过蒸发回到大气里。

较低层的水称为饱和层，是沼泽、河流、湖泊和水井的水源。撒哈拉大沙漠地底下也有一个大约62.5万立方公里的大水库。

大气层里大约有1.29万立方公里的水，假如一次降落，可以覆盖整个地球2.5厘米深。大气层里的这些水分变成雨水降落到海洋或流入江河，大约1/6被土壤吸收而滋润植物生长。

水有许多独特的性质。在与空气接触的水面，其模样就如皮肤的结构。水表面的分子互相紧紧地吸引，形成了一个稠密层。这种现象称为水的张力。

水分子互相吸引的特性还赋予水爬上山顶的能力。我们常说的毛细管作用，使得水能够从地面往上跑到植物的根部，再通过枝干直到叶子。

水几乎比其他任何一般物质更能吸热，而自身的温度又不明显增加。

一壶水到被烧开时，它经受的热可以使许多物质熔化或燃烧。然而水吸收热直到华氏212°（摄氏100°）时才开始沸腾，变成气体——蒸气。

水的另外一种特性是当它冻结时会飘浮，因为水结成冰时体积膨胀，密度减小。水变成冰所产生的胀力能使岩石破裂，甚至变成土壤。在北冰洋地区，浮冰覆盖着洋面和湖面，构成一层保护隔离层，防止水进一步冰冻，使得保护层底下的生命能够延续下去。

比如，在北冰洋5米厚的积雪上面没有什么生命存在，但在冰层底下却存在着大量的生命。

要是冰不浮动，它就会从大洋的底部积聚，最后把我们居住的地球覆盖起来，地球将变成像冰山一样的冰块。

如果这事真的发生的话，人类将面临灭顶的灾难。

400多年没下过雨的"旱极"

世界上有些地方，终年无雨，而有些地方却天天下雨。一个是"旱极"，一个却是"雨极"。

我国塔里木盆地塔克拉玛干沙漠东南部的若羌，年降水量只有5毫米。这个地方四周高山环绕，离海洋很远，湿空气很难到达，是我国雨量最少的地方。

非洲撒哈拉大沙漠中部，一连几年都不下雨，阳光灼照，空气干燥，被称为沙漠中的"沙漠"。有时天空在下雨，可是落到半空就被蒸发掉了，成为"干雨"。

非洲的哈尔夫旱谷，曾一连八九年没下过雨。

南美洲秘鲁和智利沿海一带，因为有寒流和从深海涌上来的冷水流的影响，又位于高山的背风带，在副热带高气压带控制下，因此年平均降水量还不到3毫米，连年不雨也是常事。

智利阿塔卡马沙漠附近的一个城市伊基克，濒临太平洋，也有10多年没有下过雨。从安第斯山流出的水流，水量也很有限，一离开山，就消失在沙漠中。人们只能从高山上背冰运雪，来供应生活用水。阿塔卡马沙漠是世界上最干旱的地方，被称为世界的"旱极"。到1971年为止，它已经有400多年没下过雨。

每年325天下雨的"雨极"

　　世界上还有"不雨城"和几乎不下雨的城市。秘鲁的利马，一年降雨37毫米，下的都是一种濛濛的细雨，叫"加鲁亚"。这种雨只能使大地稍稍湿润。1949年4月，利马下了一次真正的雨，足足有1小时。人们惊慌地度过了这一次"灾难"。因为所有的房屋顶只是用来遮蔽太阳光的，不能防雨。

　　世界降水量的分布是不均匀的，有的地方雨特别多，甚至天天下雨。我国雅鲁藏布江河谷的巴劳卡，年平均降雨量4500毫米。台湾北部的火烧寮，是我国最多雨的地方，年平均降水量6500毫米。1912年曾出现8408毫米的记录，被称为中国的"雨极"。

　　为什么火烧寮雨量特别多呢？这是因为这里夏季受东南、西南季风和台风的影响，冬季受东北季风和信风的吹拂，加上山地影响，气流抬升，容易凝云播雨。

　　世界绝对雨量最多的地方是印度东北部梅加拉亚邦的乞拉朋齐，年平均降水量11430毫米。1960年8月到1961年7月，出现26461.2毫米的最高纪录，成为世界的"雨极"。下雨时雨若倾盆，势如小瀑布，雨滴有如棒球，所以当地人总爱穿一种簸箕形状的，用竹或草编成的雨具，才不致被雨滴所伤。

　　夏威夷群岛考爱岛的威阿列勒山东北坡，被称为世界的"湿极"。1920—1927年平均年雨量11458毫米，每年下雨的日子约有325天。

　　为什么这两个地方多雨呢？原来，它们都有高山屏障，从海洋吹来的季风或东风，被高山阻挡，使饱含水汽的气流被迫上升，凝结大量的地形雨。

　　有些地方年降水量不大，却常常下雨。智利南部的巴希亚·菲利克斯，平均每年有325天在下雨。1961年这一年，只有17天没下过雨。它处

气象万千

在西风带内，长年从太平洋带来大量水汽，受到地形的抬升，形成阴雨天气。

巴西的巴拉城，每天都要下几次雨，而且每天下雨都有固定时间。巴拉城靠近赤道，滨海，阳光灼照。早晨，气温较低，空气中水汽含量较少，天气晴朗。此后，海面温度渐渐升高，湿热空气不断上升，在空中凝云播雨。雨过天晴，低层空气温度降低，阳光继续灼照，就这样循环变化着，很有规律。因此，当地人谈论时间不用钟表，而是用雨。他们不说几点钟，而是说第几次雨后。

暴风最多的"风极"

我国暴风最多的地方是位于台湾海峡中的澎湖列岛，一年中有138天刮8级大风。这是由于海峡像一个风口，岛屿上很平坦，空气流动的阻力小，风变得更加频繁和强烈了。由于岛上长年吹刮大风，使土地变得很贫瘠，连树木也变得稀少了。

南极洲的风暴更多、更盛行，被称为"暴风王国"。

几十年前，澳大利亚探险家毛孙到南极洲东部地区考察，曾经描述过那里的情景：

"这是一个恐怖的、空虚的、狂暴的、惊心动魄的地方……无情的风暴咆哮着、撕裂着、冻结着。刺人的雪使人张不开眼，喘不过气来……我们来到暴风的王国，这是一个该死的地方。"

毛孙所到达的地方，只是沿海地区，而在南极洲的风极，暴风更大、更猛烈呢!

南极洲的阿德尔地区的德尼森角是一个巨大谷地的谷口，真是个名副其实的"风都城"。一年中有340天刮风暴，全年平均风速19.4米，相当于长年刮8级风。1912年5月，测得平均风速每秒27米，相当于这个月每天刮10级风。5月15日的日平均风速达每秒40.2米，相当于刮了一整天12级（风速每秒33米）以上的大风。它放称为"世界风极"。

1951年22日，在风都又测得日平均风速每秒45米，阵风达每秒92.6米。

南极洲是个高原大陆，长年为高气压控制。强烈的冷空气向低气压流动，从陆地高处冲向海洋，暴风从冰川上卷起雪粒，力量大得惊人。它可以磨断绳索，擦亮金属，甚至在沿海小片岩岗上雕刻出奇形怪状的花纹来，仿佛是古代城堡、塔楼和宫殿的遗迹。

在暴风中，常常会出现"雪龙卷"，一排排连续不断的雪粒，冲向天空。头一个雪龙卷高达1千米，后面一些较小的雪龙卷也急起直追，最后汇成一个巨大的雪柱。暴风能把200公斤重的大油桶轻易地举起来，并抛到10多千米外的冰山顶上。

南极洲的许多大冰川，从大陆中部向四面八方缓慢移动着，形成了许多大裂缝，裂隙间渐渐被风雪搭建成雪桥。暴风从一端吹压着裂缝里的积雪，向另一端抛将出去，仿佛是一个巨大的"冰雪喷泉"。

青少年自然科普丛书

qingshaoniancirankepucongshu

海洋性气候和大陆性气候

　　海洋性气候的特点是夏日凉爽，冬天不冷，日温差小，所以那里是消暑的好地方。大陆性气候的特点是气候干燥，冬冷夏热，气温的年、日差异都比较大。

　　不同的气候，主要取决于地表面性质的不同。海洋和陆地的物理性质有很大差异，在同样的太阳辐射下，它们增温和散热的情况大不相同。

　　海水吸收热量的本领要比陆地强得多，辐射到海洋上的太阳热量很少被反射回去，大部分被海水吸收，并通过海水的波动，把热量存贮在海洋内部。这样，即使在烈日炎炎的夏季，海洋里的温度也不会骤然升高。与同纬度的陆地相比，海洋里的温度的变化要小得多。到了冬季，虽然太阳辐射减少了，但海洋里所贮存的大量热量开始稳定地释放出来，于是，海洋及其附近地域的温度比同纬度的其它陆地地区要高。因此，海洋犹如一个巨大的温度自动调节器，使附近地区的气温形成了冬暖夏凉的特点。

　　在远离海洋的大陆腹地，由于得不到海洋的调节，气温的年、日较差要比沿海地区大得多。台湾海峡中的平潭岛，年平均气温日较差4.9℃，比大陆上的福建永安小5.5℃之多。在我国西部内陆的许多地方，气温日较差一般都在20～25℃之间，而在吐鲁番盆地，气温日较差则达50℃。此外，在气温的年际变化方面，沿海地区和内陆地区也有较大差别。我国南海诸岛全年最热月份的平均气温只有28～29℃。而处于内陆的重庆、长沙、南昌等高达34～35℃以上。

　　海洋性气候气温变化和缓，春天姗姗来迟，夏天消退也较慢，春天的气温一般低于秋季的气温。相反，大陆性气候气温变化剧烈，春来早，夏去也早，春温高于秋温。受海洋气团和暖湿气流的影响，海洋性气候年降水量多，一年中降水的季节分配比较均匀，且以冬季降水较多；大陆性气候年降水量少，一年中降水的季节分配不均匀，且以夏季降水为最多。

全年皆夏的热带气候

热带气候最显著的特点是全年气温较高，四季界限不明显，日温度变化大于年温度变化。

南纬25°和北纬25°之间是热带气候区。在这一区域内，由于地表及降水的不同，热带气候又反映出不同的特点。在赤道附近，常年湿润高温，多雷雨天气，年降水量在2500毫米左右，季节分配均匀。在一天之中，天气的变化也往往单调而富有规律性。清晨，天气晴朗，凉爽宜人，临近午间，天空中的积云强烈发展，变浓变厚，午后一两点钟，天空乌云密布，雷声隆隆，暴雨倾盆而下，降雨一直可以持续到黄昏。雨后，天气稍凉，但到第二天日出后又变得闷热。如此日复一日，年复一年，人们把这种气候称为"赤道气候"。

赤道气候全年皆夏，没有明显的季节变化。这里虽然很热，但最热月份的平均气温并不太高，绝对最高气温很少超过38℃，最低气温很少低于18℃。

在热带的沙漠地区，气候情况完全不同。在非洲北部的撒哈拉沙漠、西亚的阿拉伯沙漠和澳大利亚中部的大沙漠等地，全年干旱少雨，气温变化剧烈，日较差可达50℃以上。我国的雷州半岛、海南岛和台湾省南部，均处于热带气候控制之下，终年不见霜雪，到处是郁郁葱葱的热带丛林，全年无寒冬。

热带地区由于高原多雨，为动植物的生长繁衍创造了极为有利的条件。许多珍贵的动植物都产于热带气候区内。宽广的热带雨林，是制造氧气、吸收二氧化碳的巨大绿色工厂，对于调节全球大气中的氧气和二氧化碳的含量有非常重要的作用。

四季分明的温带气候

冬冷夏热，四季分明，是温带气候的显著特点。我国大部分地区都属于温带气候。从全球分布来看，温带气候的情况比较复杂多样。根据地区和降水特点的不同，可分为温带海洋性气候、温带大陆性气候、温带季风气候和地中海式气候几种类型。

温带海洋性气候区主要分布在欧洲西海岸、南美洲智利南部沿海以及新西兰、北美阿拉斯加南部等地区。这些地方由于受海洋西风的影响，冬季温暖，夏无酷暑，全年湿润多雨，降水分配比较均匀。温带大陆性气候区主要分布在亚欧大陆和北美洲的内陆地区。这些地方受大陆性气团的控制和影响，冬季寒冷，夏季炎热，空气干燥，降水量较少。

温带季风气候区主要分布于北纬35°～55°之间的亚欧大陆的东岸，包括中国的华北、东北和朝鲜、日本以及俄罗斯的东部地区。冬季受温带大陆性气团的控制，风从内陆吹向海洋，大部分地区干燥少雨；夏季受温带海洋气团的控制，风从海洋吹向内陆，湿润多雨。

我国是典型的季风气候国家，除西部的青藏高原和云贵高原等地区外，全国大部分地区都受季风气候的影响。与世界同纬度国家比较，我国冬季是最冷的，夏季是最热的。如广州市和北美洲古巴首都哈瓦那差不多在同一纬度，但两地1月份平均气温要相差8℃左右，广州冷，哈瓦那暖。

英国西海岸的利物浦与我国北方漠河镇的纬度也基本相同。利物浦1月份平均气温高达4.3℃，而漠河同时期的最低气温常在零下35～40℃。

温带气候是世界上分布最为广泛的气候类型。由于温带气候分布地域广泛，类型复杂多样，从而为生物界创造了良好的气候环境，形成了丰富多彩的动植物界。从植物种类上来看，有夏绿阔叶、针叶林和针阔混交林。草原地区生活着善跑能飞的动物；在阔叶林中生活着大型食肉类动物；针叶林中生活着一些耐寒动物。

终年冰封的极地气候

终年冰封的极地地区，气候寒冷，降水极少，到处都是一片白茫茫的雪原，风几乎成年累月不停地呼叫着，气温经常降到零下几十度。那里人迹稀少，是一派荒凉寂寞的景象。

人们把南北极圈以内的气候，称为极地气候或寒带气候，它包括北冰洋、环绕极地的亚洲、欧洲、北美洲的大陆边缘地区以及整个南极大陆和附近海洋地区。

由于极地气候区大部分位于极圈以内，太阳光只能以很小的角度斜射这个地区，因而这个地区所获得的太阳辐射能很少，再加上地面多为冰雪覆盖，地面的反射率很高，获得的少许热量中的一部分被反射回去，未被反射掉的能量又大多消耗于冰雪的融化，因此，极地气候区的最主要特点就是终年严寒，无明显的四季更替变化。

虽说都是极地气候，但北极和南极的情况却不完全相同。在北半球，通常把树木生长的北限作为极地气候的南界。整个地区大部分是永冻水域。只有在大陆的北部边缘部分，夏季气候可达到0℃以上，但仍在10℃以下。由于这类地区只零星地生长着一些苔藓、地衣等低等植物，所以通常称为"苔原气候"区。

永冻水域地区气温在0℃到-40℃间变化，因而称为"冰原气候"或"永冻气候"区。

北极地区降水虽然很少，但因阳光强度强，地面蒸发少，相对湿度较大，云雾较多。这里虽寒冷，仍有因纽特人在此生活。

南极地区比北极地区要冷得多。南极大陆覆盖着平均厚达2000米的冰层，即使在南极大陆的边缘地区，年平均气温也在-10℃以下。在大陆中心地区年平均气温低达-50℃到-60℃。科学家曾在南极大陆测到-94.5℃的低温。

整个南极大陆降水很少，年平均降水量只有50毫米，越往内陆，降水越少。在南极极点附近，年降水量只有5毫米。由于这里极其寒冷，除各国在此设立科学考察站外，无人居住。

1985年以后，我国也在南极设立了科学考察站——长城站、中山站、昆仑站。

天高云淡的草原气候

　　蔚蓝的天空，碧野千里；牛羊成群，骏马奔驰……这些草原地区特有的自然景色，是在特定气候条件下形成的。世界各地草原气候的分布很广，在我国内蒙古自治区和新疆维吾尔自治区，蒙古境内，中亚地区和欧洲南部，北美洲落基山脉以东的美国西部地区均有分布。

　　草原气候属于沙漠气候和湿润气候之间的过渡性气候。其特征是降雨量偏少，以夏季性降雨为主，气候干燥，高大的树木无法生长。草原地区冬季寒冷而漫长，夏季短促，气温不很高。但全年的日照时间较长，拥有较好的热量条件，适于牧草的生长。

　　由于全年降水量分配不均匀，冬季和春季常发生干旱现象，这对春天播种和牧草的萌芽、生长均有不利影响。到了夏季，雨量集中，日照充分，植物生长所必需的水分和热量条件可同时得到满足，因而盛夏七、八月份是草原的黄金季节，水美草肥，牛羊成群，庄稼茂盛，辽阔的大草原在微风的吹动下，宛如大海的波涛，景色十分迷人。

　　到了冬天，低温、大风席卷草原，常常造成风雪灾害，尤其是对牧畜的安全越冬影响很大。

干旱少雨的沙漠气候

极端干旱的沙漠气候，跨越纬度大，不同区域气温差别很大。根据所处纬度的不同，可分为低纬度沙漠和中纬度沙漠。低纬度沙漠也称热沙漠，分布在南北回归线附近的副热带高压区内，如非洲北部的撒哈拉沙漠、亚洲西南部的阿拉伯沙漠，澳大利亚中部的大沙漠等。中纬度沙漠也叫冷沙漠，分布在温带大陆内部，如我国的新疆维吾尔自治区和内蒙古自治区一带及北美大陆西南部的沙漠等。

沙漠气候有以下显著的特点：

第一，降雨稀少，气候干旱。以我国的沙漠地区为例，年雨量大部分都在50～100毫米以下，最少的地方还不到10毫米。如位于塔克拉玛干大沙漠东南部的若羌，年雨量仅16.9毫米，而托克逊县城降雨量更少，只有5.9毫米。

第二，多风沙天气。大风刮起时，满天黄沙，天昏地暗，流沙遍野；风停后，飞沙落地，形成一条条一排排高低起伏、大小不等的沙丘群，最高的沙丘可高达400米以上。

第三，冬季寒冷，夏季酷热，温度的年较差和日较差都很大。如我国西北地区的沙漠中，冬季1月份的平均气温都在-20℃以下，而夏季7月份的平均气温则在26～30℃以上。温度的年较差高达50℃左右。

与年较差相比，沙漠地区的温度日较差更大。如吐鲁番盆地，夏季白天的极端最高温度曾达49.6℃，而入夜后温度又可降到0℃以下，温度的日较差极大。

所以，在吐鲁番盆地一带流传着"朝穿皮袄午穿纱，抱着火炉吃西瓜"的说法。可见，沙漠气候中的温度变化，是世界各种气候中变化最为剧烈极端的。

在沙漠气候的环境中，生活着一些适应干旱条件的动植物，如骆驼、沙鼠、沙蜥、仙人掌、胡杨、沙枣等等。据不完全统计，我国沙漠中的野生植物有1000种，其中300多种可以当药材用。

风向转换的季风气候

季风是一种重要的大气活动形式，它的风向随着冬夏的转换发生近乎相反的变化。我国明代著名航海家郑和就是利用季风七下西洋的。

世界上有许多地区都有季风气候，但以亚洲东部和南部的中国、日本、朝鲜、中南半岛和印度半岛等地最为显著。

季风气候的特点，首先是风向的转换。冬季风由大陆吹向海洋，天气寒冷干燥；夏季风由海洋吹向陆地，天气炎热潮湿。冬夏风向近于相反，这是最重要的特征。我国位于亚欧大陆的东南部，面临太平洋，这种海陆分布使我国成为一个典型的季风气候国家。

由于夏季风来自海洋，湿热的气团易成云致雨，因而靠海洋越近，湿热的气团越强，降水也越多；远离海洋的内陆，则雨量稀少，而且降水的开始时间从沿海逐渐推向内陆，降水结束的时间正好相反，这是第二个特征。

由于高大的山体可以阻挡住部分云团的移动，降水的可能性就大，特别是迎着风的山坡，这是第三个特征：雨量的分布山地多于平原，山地的迎风坡多于背风坡。

第四个特征是雨量集中在夏季，占全年的一半以上。因为夏季风来自海洋，雨量多；冬季风来自大陆，雨量就少。

我国以及东亚、南亚地区之所以是世界上最典型的季风气候区，除了和其他季风地区的相似条件外，还有一个最重要的因素，就是"世界屋脊"——青藏高原的作用。

由于夏季风带来了充沛的雨水，可以满足农作物生长"雨热同期"的条件，有利水稻一类高产粮食作物的生长，所以，南亚、东南亚、中国、朝鲜和日本等国都是世界水稻的集中产区。当然，夏季风和冬季风的变换并不是定期、定位、等强度的，不同年份会有较大变化，这就有可能发生水旱灾害。

夏干冬湿的地中海式气候

世界上的气候类型多种多样，但绝大多数是以景物特征命名的，如沙漠气候、雨林气候、草原气候等等，惟独地中海式气候是以具体的地名命名的，可见地中海地区是这种气候类型最典型的地区。

并不是只有地中海才有这种气候。

实际上，北美洲的加利福尼亚沿海、南美洲智利中部、非洲南部的开普敦地区和大洋洲南部以及西南部等地区也都有这种气候。细心的人在世界地图上可以发现，上述地区有着一些相似之处，它们大都位于纬度30°～40°，且都在大陆的西海岸或南海岸。

这些地区冬季在来自海上的温带西风控制下，潮湿的气团带来了较多的雨水，而夏季则受副热带高压控制，气流由陆地散向四周，很难成云致雨，形成了气候炎热、干燥的特点。全年的降水量一般为375～625毫米，夏季的降水量只占全年的10%左右。冬季气温为5～10℃，夏季气温为21～27℃。

因此，地中海式气候的特点是夏季温热干燥，冬季温暖湿润，与温带大陆气候的夏季高温多雨、冬季寒冷干燥有显著的不同。

地中海式气候使得这些地区降水造成河流冬涨夏枯；植物以耐旱灌丛为主，典型植物是油橄榄。这种独特气候地区的海滨是开展冬季旅游的良好场所。

地方性的"小气候"

"人间四月芳菲尽，山寺桃花始盛开。"这是白居易游庐山看到的情景：山下四月份，花朵已经凋谢，而山上寺庙里的桃花才刚刚盛开。这种同一大范围内的不同气候状况，平原和山区的显著差异，就是地方性气候，也叫"小气候"。

形成小气候的原因，有地表面性质不同造成的，也有人类、生物活动的因素。这种气候在垂直地面向上的延伸范围可达100～200米。在水平方向上，包括：处于微空间的微气候，如草地、坡地、蜂房等；处于小空间的小气候，如地面、植株、蜂房等；处于小空间的小气候，如草地、坡地、街道、农田、厂区、车间、洞穴等；还有从几公里到几十公里的局地气候，如林区、峡谷、沼泽、海岸、城市、山区、小岛等等。

谚语云"一山有四季"，说明小气候特征在山区表现特别明显。有人曾在6月份从四川北部阿坝出发下山，当他经过海拔3600米的地方时，那里的山沟里还有冰雪；再下山走到海拔2700米的米亚诺地方，那里小麦已经返青；再往下到海拔1500米处时，地里的小麦将近黄熟了；而在海拔1360米的茂汶县，小麦已开镰收割；当晚间到达海拔780米的川西平原上的都江堰时，小麦已收割完毕了。这个人在一天之中，竟经过了从播种到收割的四季。

地方性气候虽然主要由局部自然条件或人为条件所决定，但也受大范围天气和气候条件的影响。掌握小气候的特点，改善小气候环境，做到因地制宜，这对工农业生产和人民生活都有十分重要的意义。

周期性的气候变迁

据资料考证，在距今约3000多年前，我国中原地区的气候比现在暖和得多。

那里生存着许多热带和亚热带的动植物，热带标准动物——大象几乎随处可见。因此，当时的河南省称豫州，"豫"字形象地比喻为一个人牵了一头大象。直到现在，河南省仍简称"豫"。

据我国科学家竺可桢的研究，近5000年来，我国曾出现过四次温暖期和四次寒冷期，它们是交替、周期性地出现的。这些事实说明：随着时间的推移，世界各地的气候状况是会发生很大变化的。这种变化，就叫气候变迁。

就全球范围的气候变迁来看，自地球形成以来，地球上的气候也曾发生过几次大的变迁。科学家研究表明：现在的热带地区，在几亿或几十亿年前，曾出现过寒冷的气候。

那时，整个地球大部分为冰雪覆盖，被称为大冰期时代。相反，现在极为寒冷的地区，也曾有过很温暖的气候，那时是温暖的间冰期时代。整个地球都经历过冰期与间冰期交替的巨大变化。最近一次大冰期在6000多年前结束。当前的地球正处在间冰期气候中。

气候变迁的原因十分复杂，特别是极长期中的气候变迁原因，目前尚未获得一致公认的准确结论。不过对变化周期较短的气候变化原因已基本搞清。如变化周期为2万年至10万年的，是地球公转的周期性变化等因素造成的；周期为2年、11年、35年的气候变化，是由于太阳活动、火山爆发、南北两极地区冰川的生消移动、海洋状况的变化等因素引起的。

近年来，许多地理学家发现：人类活动对气候变化有很大影响。如大面积的毁林开荒，改变了地面的反射率，减少了水汽蒸发，造成局部地区干旱。而煤、石油、天然气等化石燃料的大量燃烧，造成空气中的二氧化碳含量增加。引起气温升高。这些都影响到气候变迁。

定时出现的信风

　　400多年前，当航海探险家麦哲伦带领的船队第一次越过南半球的西风带向太平洋驶去的时候，发现一个奇怪的现象：在长达几个月的航程中，大海显得非常顺从人意。开始，海面上一直徐徐吹着东南风，把船一直推向西行。后来，东南风渐渐减弱，大海变得非常平静。最后，船队顺利地到达亚洲的菲律宾群岛。原来，这是信风帮了他们的大忙。

　　我们知道，风是从高压地带吹向低压地带的。信风是在接近地面从纬度30°的副热带高压区吹向赤道低压区的一种风。这种风在固定的地区定时出现，而且风向不变，非常守信用，所以人们给它起名信风。由于地球自转所形成的地转偏向力在北半球总使空气运动向右偏，在南半球向左偏，因此，南北半球信风的风向很不一致。在北半球，风从东北刮向西南，称"东北信风"；在南半球，风从东南向西北刮，称"东南信风"。麦哲伦船队在通过太平洋时正是遇到"东南信风带"，然后进入"赤道无风带"，最后到达终点。

　　南北半球上的信风带会随着季节的变化而发生有规律的南北移动。如北半球太平洋上的东北信风带，每年3月份位于北纬5°～25°，到了9月份，整个风带向北移动到北纬10°～30°，到第二年3月份，整个风带又退回到北纬5°～25°附近。这样，在信风带活动范围的特定区域内，就会出现信风周期性的变化现象。

　　在古代，全靠风帆来航行，因此，信风这种定期定向的独特风就成了国际商船远航的主要动力。由于信风对早期的国际贸易作出了杰出的贡献，因此，人们又叫它"贸易风"。

海洋影响着全球气候

地球表面70％为水所覆盖。大洋深处是终年不见天日的黑暗世界，但也不乏深谷、平原、高山峻岭，蔚为奇观。海底有大片大片的平原，每个平原直径数百公里，平均水深4000米。从这些深不可测的开阔平原往上升高便是海洋的中高地带，时有环绕地球的山脊冲出水面形成岛屿。大西洋中部的山脊，从冰岛直达南极洲，全长16000公里，是世界上最长的山脉。它的最高峰就是亚森欣岛、亚速尔群岛和冰岛。

从中太平洋海底升起的世界最高的山峰——夏威夷的冒纳开亚火山，从海底到山峰高达10203米，比喜马拉雅山的埃非勒斯峰（圣母峰）高出近很多，但它露出水面仅4213米。

太阳光只能穿透到水深约250米的地方。许多生活在永恒黑暗之中的深水动物已经进化出自己的照明系统。它们的生存完全依赖于不断降落海底的食物——从海洋上层降落下来的各种废物。

在海洋的底部还发现有许多壕沟。已知最深的是马里亚纳海沟，深11公里。它是在1873年英国的考察船"挑战号"在驶离太平洋关岛时被发现的。

海洋中山脊，如陆地的高山是活动的障碍一样，是海洋生物活动的障碍，因为海底生物必须生活在适合它们生活的水平深度。

大多数巨大的陆地板块都被大陆架环绕着，这些大陆架缓缓地倾斜延伸大约320公里，然后陡峭地投入大海深处。大陆架的有些部分被宽阔的峡谷所隔开，如纽约港外的哈德逊大峡谷，大约240公里长，500米深。这些大峡谷可能是由被称为浊流的泥浆流到大陆架，并倾入海底造成泥崩而形成的。

海洋吸收太阳的热，并且以巨大的暖流形式传播到全球。此外，它们还通过风的流动来传播热量，而风本身又是太阳的热所引起的。所有主要的暖流都作环形流动，称为环流，它是由于地球的自转引起的。

世界上最大的暖流之一是墨西哥湾流，宽80公里，深460米，从加勒比海开始，不断加宽，大约以每小时4里的速度流经大西洋，到北大西洋分成几股，部分向上流经苏格兰，部分折向南方。

每天潮水的时涨时落，是由太阳和月球的引力造成的，它们的拉力使海水鼓涨起来。当太阳和月亮处于地球的同一边时，大潮——春潮就发生了。当太阳和月亮对地球的拉力成直角时，潮水最低。当海水涌进狭隘的海湾时，其海水升涨最高，如加拿大东海岸的范迪海湾。

从海平面算起的高度称为海拔。海平面指海洋的平均水平，因为实际上海面是不平坦的。假如太平洋在风平浪静、海面上连微波也没有时突然冻结，那么水面将会有"高山"和"盆地"，其高度差可达18米。这是由于大气压力差和潮水的作用产生的。

从漂流瓶看"海流"流向

1856年，一些落难的水手在大西洋一个海湾的沙滩上发现一只奇怪的沥青球，沥青球里包着一只椰子壳，里面有一张画着各种符号的羊皮纸。

经过翻译知道，这是一封信，它是从遥远的大洋彼岸经过漫长的历程，准备漂到一个美丽的岛国去的。不料，海浪却把它推上了沙滩。用"漂流瓶"传递信息，这在中世纪是经常发生的。

那么，人们怎么会想到利用海水来传送信件的呢？原来，人们很早就发现，在大洋表面及深处，海水总是有规律地向着同一方向运动着，就像陆地上的河流，所以人们形象地把它称为"海流"。

洋流形成的原因很多，也很复杂。信风和西风等定向的吹送，是海流形成的主要原因。同时，地球自转偏向力、海岸轮廓和岛屿的分布、海面水位高低不同、海水的温度和含盐度不同等，对海流也有一定的影响。

南半球与北半球的海流大致呈对称分布。在北半球的副热带洋面上，海流基本上是围绕副热带高气压作顺时针方向流动，称为内循环；在大陆沿岸，还存在着沿岸流，作逆时针方向流动，称为外循环。在纬度40°以北洋面，海流是绕着副极地低气压作逆时针方向流动。南半球海流方向与北半球正好相反。

海流的存在对世界各地的气候影响很大。首先，因为海水的传热能力比大气高许多倍，所以海流在低纬与高纬间的热量传输方面起了重要作用，调节了纬度间的温差。其次，由于海洋东西两岸冷洋流水温的差异，在盛行气流的作用下，使同纬度大陆东西岸气温发生显著区别，破坏了气温随纬度增加而降低的分布规律。此外，暖流沿岸多降水，冷流沿岸多雾。

海洋学家根据各种资料，如海上漂泊者的经历、漂流瓶的旅程、船骸的踪迹、不同的海水温度、流动船站的观察记录等来确定海流的范围、方向和速度，绘制出海流图。还有更精密的海流仪器和人造卫星等的帮助，对海流的认识又前进了一步。现在，全世界已发现有12条大海流，几十条小海流。

周期性的"神童"暖流

进入20世纪70年代后，全世界出现的异常天气，有范围广、灾情重、时间长等特点。在这一系列异常天气中，科学家发现一种作为海洋与大气系统重要现象之一的"厄尔尼诺"潮流起着重要作用。

"厄尔尼诺"是西班牙语的译音，原意是"神童"或"圣明之子"。相传，很久以前，居住在秘鲁和厄瓜多尔海岸一带的古印第安人，很注意海洋与天气的关系。他们发现，如果在圣诞节前后，附近的海水比往常格外温暖，不久，便会天降大雨，并伴有海鸟结队迁徙等现象发生。古印第安人出于迷信，称这种反常的温暖潮流为"神童"潮流，即"厄尔尼诺"潮流。

厄尔尼诺是一种周期性的自然现象，大约每隔7年出现一次。近年来，科学家通过对全球气候的研究，认为厄尔尼诺不是一个孤立的自然现象，它是全球性气候异常的一个方面。在正常年份，秘鲁西海岸的太平洋沿岸地区都受一股冷洋流控制，有一个范围很大的天然渔场。一旦出现气候异常，东太平洋的冷洋流即被一股暖洋流所代替。厚度达30多米的暖洋流覆盖在冷洋流之上，使大量冷水性的浮游生物遭到灭顶之灾，纷纷逃离或死亡，这就是厄尔尼诺现象。

气象学家对厄尔尼诺的研究，还是20世纪60年代后期的事。他们查阅了第二次世界大战以来30余年的天气档案，发现几次重大的"厄尔尼诺"现象发生年，都出现过全球性的天气异常。1972年的全球天气异常，就与当年厄尔尼诺暖流特别强大有关。这一年我国发生了新中国建国以来最严重的一次全国性干旱。与此同时，有一些国家和地区却发生了严重洪水，非洲突尼斯出现了200年一遇的特大洪水，秘鲁出现了40年来最严重的水灾。1982年年底又出现了厄尔尼诺暖流，东太平洋近赤道地区的海水异常增温，范围越来越大，圣诞节前后，栖息在圣诞岛上的1700多只海鸟不知去向，接着秘鲁大雨滂沱，洪水泛滥。到1983年，厄尔尼诺现象波及全球，美洲、亚洲、非洲和欧洲都连续发生异常天气。

美国科学家认为：厄尔尼诺现象可能是由于水下火山熔岩喷发引起的。熔岩从大洋底部地壳断层喷出，将巨大的热量传给赤道附近的太平洋海流，使海水增温变暖，从而导致东太平洋海区水温及海流方向的异常。

汹涌澎湃的寒潮

　　寒潮是冬季的一种灾害性天气，群众习惯把寒潮称为寒流。所谓寒潮，就是北方的冷空气大规模地向南侵袭我国，造成大范围急剧降温和偏北大风的天气过程。我国气象部门规定：冷空气侵入造成的降温，一天内达到10℃以上，而且最低气温在5℃以上，则称此冷空气爆发过程为一次寒潮过程。可见，并不是每一次冷空气南下都称为寒潮。每当寒潮即将来临时，气象台就发布寒潮警报，要求大家迅速作好抗寒抗冻准备工作。

　　寒潮是怎样形成的呢？我国位于欧亚大陆的东南部。从我国往北去，就是蒙古国和俄罗斯的西伯利亚。西伯利亚是气候很冷的地方。再往北去，就到了地球最北的地区——北极了。那里比西伯利亚地区更冷，寒冷期更长。影响我国的寒潮就是从那些地方形成的。

　　位于高纬度的北极地区和西伯利亚、蒙古高原一带地方，一年到头受太阳光的斜射，地面接受太阳光的热量很少。尤其是到了冬天，太阳光线南移，北半球太阳光照射的角度越来越小，因此，地面吸收的太阳光热量也越来越少，地表面的温度变得很低。在冬季北冰洋地区，气温经常在-20℃以下，最低时可到-60至-70℃。1月份的平均气温常在-40℃以下。

　　由于北极和西伯利亚一带的气温很低，大气的密度就要大大增加，空气不断下沉，使气压增高，这样，便形成一个势力强大、深厚宽广的冷高压气团。当这个冷性高气压势力增强到一定程度时，就会像决了堤的海潮一样，一泻千里，汹涌澎湃地向我国袭来，这就是寒潮。

　　每一次寒潮爆发后，西伯利亚的冷空气就要减少一部分，气压也随之降低。但经过一段时间后，冷空气又重新聚集堆积起来，孕育着一次新的寒潮的爆发。

　　寒潮影响的范围很广，其东西长度可达几百公里到几千公里，但其厚度一般只有二三公里。寒潮的移动速度为每小时几十公里，与火车的速度差不多。影响我国的寒潮大致有三条路线：一条是西路。这是影响我国时间最早、次数最多的一条路线。强冷空气自北极出发，经西伯利亚西部南下，进入我国新疆，然后沿河西走廊，侵入华北、中原，直到华南甚至西南地区。第二条是中部。强冷空气从西伯利亚的贝加尔湖和蒙古国一带，经过我国的内蒙古自治区，进入华北直到东南沿海地区。第三条是东路。冷空气从西伯利亚东北部南下，有时经过我国东北，有时经过日本海、朝鲜半岛，侵入我国东部沿海一带。从这条路线南下的寒潮主力偏东，势力一般都不很强，次数也不算多。

◎ 风雪雨霜 ◎

　　风雪雨霜是地球上最常见的气象特征。全球的人类就在这样的自然条件下生存着。

　　风云变幻的天气给自然界带来了生动的生活，有美丽也有痛苦，有甘甜也有灾难……

瀑布似的特大暴雨

世界的一些地方，雨常常倾盆而下，带来灾害。这种特大暴雨主要出现在热带和温带地区。

雷雨是一种分布范围很广的天气现象。当积雨云强烈发生时，往往伴随着雷暴的到来。天空乌云翻滚，电闪雷鸣，有时还出现狂风骤雨。

雷暴分为热雷暴、地形性雷暴、锋面雷暴三种。热带和温带的夏季，太阳直射，低层大气受热膨胀上升，形成强烈的对流空气，产生热雷暴。山地地势复杂，容易产生空气对流，形成积云、积雨云，出现雷暴天气。北半球冬春季节，冷空气南下，同暖空气交锋，暖空气被强烈抬升，形成雷暴天气。

地球上的雷雨，平均每年发生1600多万次，每天约有5万次之多。雷雨活动最剧烈的地方是赤道带和热带。

爪哇岛是世界雷雨最多的地区，一年中有雷雨的日子占60%。不过岛上各个地方雷雨日的多少也有不同，如雅加达，全年平均为133日，而在茂物，平均每年有322个闪电日，同时下着阵雨，一年中有雷雨的日子占88%。人们誉它为世界的"雷都"。

茂物位于南纬4°附近，附近有多座高耸的火山。从爪哇海吹来的湿热气团，来到这里受到山脉阻挡，急剧上升，很容易形成对流雨，全年的降水量多达4618毫米。茂物每天的天气变化很有规律：上午天气晴朗，近午天空积云增厚，午后瞬时雷电交加，暴雨倾盆。雨后，空气清新，全城又沐浴在骄阳下。

我国雷雨全年平均最多的地方在海南岛儋州市，全年平均有130天雷声隆隆的日子，在冬天里也能听到惊雷。

我国暴雨之最有台湾的新寮，1967年10月中的一天，下了1672毫米的特大暴雨，平均每分钟约1.1毫米。

1682年，英国牛津测得20多分钟的降雨记录600毫米；1956年，美国马里兰州的尤尼恩威尔，一分钟降雨31.24毫米。这都是世界上罕见的特大暴雨。

西印度群岛中瓜德罗普岛的巴斯特尔，1970年11月26日测得1分钟降水量达38.1毫米。这是世界上1分钟降雨的最高纪录。

可是，世界上暴雨最大的地方，是印度洋中的留尼旺岛。特大暴雨倾盆而下，仿佛瀑布从天而降。人在雨中，只见周围是一片茫茫的水帘，几乎什么也看不见。山洪滚滚，江河溃决。大雨淋死小鸟，摧毁树木、房屋，淹没田野，冲走山石。

从1952年3月11日到19日，前后持续了8个昼夜，留尼旺岛塞浦路斯地区记录到了4个世界暴雨的最高纪录：1昼夜1870毫米、2昼夜2450毫米、4昼夜3504毫米、8昼夜4130毫米。

为什么留尼旺成了世界暴雨的中心呢？原来，留尼旺是典型的海洋气候，处在印度洋，热带风暴多次侵袭，降雨丰沛。岛上的雪山，海拔3069米，风暴携带大量水分，遇到高山阻挡，使气流急剧上升，湿热的气流遇冷，就在迎风坡变成特大暴雨。

水的碰撞——雷电

从最远古的时代开始，人类就在注视闪电的巨大力量和它的破坏性。闪电，在暴风雨中戏剧性地划破夜空。它一直是自然界中最让人惊恐的奇观之一。

闪电，用科学的术语来说，是大气层中的电触发形成的。当巨大的火花从一块雷暴云团跳到另一块雷暴云团时，它表现为片闪；当火花从雷暴团传到地面时，就形成叉形电闪。

没有人敢于断言云是如何带电的。但许多科学家认为它是雷暴云团里的无数小水滴互相碰撞而产生的。

这种理论认为，小水滴在降落的过程中撞上更小的水滴，每一个较小水滴里的部分能量转化成电，使新的组成的较大水滴带正电，而周围的空气恰恰相反——带负电荷。

当小水滴往下降落时，由于潮湿的气体不断与之凝结而体积逐渐增大，当水滴增加到大约半厘米大小时，它便分裂成两半，仍分别带正电荷。

假如水滴直接降落到地面，它所带的电荷不起作用。但它如处在一片雷暴云团里，空气的强大气流把它往上托起，这一过程反复发生，每一小水滴的电荷便不断增加，雷暴云团里的电荷也在大量积累。

大约不超过15分钟，在雨滴中蕴藏的电荷就大到足以打破与周围空气的绝缘效应，闪电便发生了。

雷是由于灼热的电闪把周围的空气快速加热到华氏3000°（摄氏1666°）——相当于太阳表面温度的3倍时，引起空气膨胀和爆炸而形成的。

爆炸声的传播速度比闪电的光来得慢，因此通过计算闪电和雷声时间差便可估计闪电离我们多远。相差5秒距离1.6公里。

据估计，全世界每年平均有1600万次的雷暴，平均每小时有1800次之多。

由闪电导致的最悲惨的悲剧之一于1769年发生在意大利的布雷西亚。闪电击中军械库，引起100多吨的炸药爆炸，估计炸死了3000人。

闪电引起火灾，最惨的或许是1926年4月7日发生在美国加利福尼亚州圣路易斯奥比斯波的那一次。闪电引起的大火持续了4天，使3.6平方公里方圆成为一片火海，300万桶汽油被烧，损失达1500万美元。令人惊奇的是在这场大火中仅有2人丧生。

尽管闪电有杀人的力量，但死于电击的人并不多。美国死于电击的人平均每年为150个。

闪电也有好的一面。它把空气中的氮和氧溶解在雨滴中。当雨降落大地而被土壤吸收后，它给植物提供了氮气，这是植物必不可少的养料。

闪电还可能是地球上创造生命的源泉之一。

在芝加哥大学的一次引人注目的实验中，科学家们首先把气体混合——氢、甲烷、氨和水蒸气，所有这些气体在地球诞生之后至今一直存在于大气之中。

然后，人工闪电（也就是电击）穿过混合气体。

结果，一种复杂的化合物氨基酸合成出来了。这种氨基酸是地球所有生命形式最基本的结构成分。

梅雨绵绵愁煞人

从我国江淮流域到日本南部，每年初夏6—7月间，都有一段连续阴雨时期，降水量大，降水次数多，这时正值江南梅子黄熟季节，所以称为"梅雨"。

梅雨季节气压低，人的心情会变得压抑和忧郁起来。由于这段时间里多雨阴湿，衣物容易受潮发霉，因此又俗称"霉雨"。

梅雨是一种大范围的大型降水过程，而不是局部的小范围天气现象。我国梅雨主要发生在湖北宜昌以东，北纬26°～34°间的江淮流域地区。

梅雨结束后，雨带北移到黄河流域，长江流域的降水量明显减少，晴好天气增多，温度升高，天气酷热，进入盛夏时期。

梅雨形成与东亚季风活动有密切关系。我国地处中纬度地区，东南靠海，受东亚季风活动影响很大。每年春末夏初，夏季风开始活跃，从海上带来丰沛的水气，空气湿度显著升高。

到了6月上旬左右，夏季风势力进一步加强，大量的暖湿气流一直推进到我国江淮流域。这股来自南方海上的暖湿气流与来自北方的干冷气流在江淮流域上空相遇，从而形成了一条基本上呈西南—东北向的狭长降水带。

由于这条雨带两侧的冷暖气团的势力不相上下，势均力敌，因此，雨带维持时间长，范围大，降水量多。

梅雨天气开始、结束的迟早，梅雨期的长短和雨量的多少，取决于当年冷暖空气的强度和进退时间。有的年份，梅雨最早可出现在5月份，称为"早梅雨"，出现在6—7月份的梅雨称为"正常梅雨"。

一般来说，进入梅雨时间早，梅雨期长，总降水量也大。个别年份，因来自南方的暖湿空气太强，直驱北上，越过江淮流域而进入华北地区，使江淮流域梅雨期降水很少或无雨（俗称"空梅"）从而造成江淮流域大范围干旱天气。

空气流动而成风

空气流动就成风。空气流动得越快，风就越大。对于大范围的空气来说，它的运动有上下左右的区别。气象学上把空气的上下运动叫做垂直运动，也叫做对流，而空气的水平运动就是风。

空气的水平方向流动，是各地的气温和气压分布不均匀造成的。空气流动的规律，是从气压高的地方流向气压低的地方，于是就产生了风。高气压和低气压之间的气压差越大，空气流动的速度越快，风也就刮得越大。

人们认识风，必须知道风向和风速。习惯上把风的来向定为风向。如西北风，是指从西北方向吹来的风；东南风即为东南方向吹来的风。风速是指单位时间空气流动的距离。风速根据风力的大小划分为0～12的13个等级。风速和风级的对应关系可用下表表示。

尽管风级划分为12组，但自然界的实际风速有的还有大得多，如龙卷风的风速甚至达到每秒200米以上。

风级、风速对照表：

风级	名称	风速（米／秒）
0	无风	0～0.2
1	软风	0.3～1.5
2	轻风	1.6～3.3
3	微风	3.4～5.4
4	和风	5.5～7.9
5	清风	8.0～10.7
6	强风	10.8～13.8
7	疾风	13.9～17.1
8	大风	17.2～20.7
9	烈风	20.8～24.4
10	狂风	24.5～28.4
11	暴风	28.5～32.6
12	飓风	32.7～36.9

风是天气变化的主要因素，不同的风能产生迥然不同的天气。地球上除了常年不变的信风和随季节变化的季风外，还有台风、龙卷风、海陆风、山谷风、布拉风、干热风等形形色色的风。

风对人类既有利也有弊。一年一度的季风给我国大部分地区带来大量的雨水。大风是一种取之不尽、用之不竭的无污染的能源。但大风、台风、龙卷风、干热风等风会给人民的生命财产和农业生产带来巨大的威胁。

热带气旋成台风

每年夏季，我国东南沿海一带，经常受到台风的侵袭。它虽则可以带来雨水，但也会造成灾害。

台风起源于热带洋面，因为那里温度高，湿度大，又热又湿的空气大量上升到高空，凝结致雨，释放出大量热量，再次加热了洋面上的空气。洋面又蒸发出大量水气，上升到高空，湿热空气以更大的规模迅速上升。这样往返循环，便渐渐形成了一个中心气压很低、四周较冷、空气向低气压区大量汇集的气旋中心。因为这种气旋发生在热带海洋上，所以又叫它"热带气旋"。

在一般情况下，热带气旋并不一定都能发展成为台风，只有当热带气旋继续不断得到更多高温高湿空气的补充，并在气旋的上空形成一个强有力的空气辐散区，使从低层上升到高空的暖湿空气不断向四周辐散出去，这时，热带气旋就可能发展成为台风。

台风是一个巨大的空气旋涡。它的直径从几百公里到1000多公里，高度一般都在9公里以上，个别的甚至伸展到27公里。台风中心有一个直径约为10公里的空心管，称为"台风眼区"。台风眼内盛行下沉气流，多半是风和日丽的好天气。从台风眼向外，四周就是巨大而浓厚的云墙，这是狂风暴雨最厉害的地方。

台风移动时，就像陀螺那样急速旋转着前进。它行走的路线总是弯弯曲曲的，但每年几乎都遵循比较固定的路线移动。

影响我国的台风主要是西北大西洋台风和南海台风。它的活动路径随季节而有所不同：1—4月，绝大多数台风仅在北纬10°以南活动，对我国大陆没有什么影响。5—6月，主要路径有两条：一条在北纬10～15°间由东向西行，进入南海；另一条在东经120～125°之间发生转向，向东北方向的日本移去。

7—9月，是西太平洋台风的活动高峰期。台风生成后，沿北纬10～25°间自东向西移动，影响我国东南沿海，有时甚至能侵入到华北和东北一带。也有部分台风未能继续西行而在海上转向东北。10—12月，台风活动路径南退，主要在北纬17°以南自东向西移动，影响南海；一部分在台湾以东海面向东北移动。

台风的风速很大，最大风速一般为每秒40—60米，个别强台风的最大风速可达到每秒110米。一次台风过程，降雨量一般达200～300毫米，有时甚至可达1000多毫米。因此，台风经过的地方常常会引起洪涝灾害。

从1989年1月1日起，我国开始统一使用国际规定的热带气旋名称和等级标准。即当热带气旋中心位置不能精确确定，而且平均最大风力小于8级称为低气压；热带气旋中心位置能确定，但中心附近的平均最大风力小于8级称为热带低压，达到8～9级称为热带风暴，10～11级称为强热带风暴，12级或12级以上称为台风。

冰晶玉洁满天雪

亿万朵水晶般的雪花降落到大地,每一朵雪花的设计都是完美无缺的。但是,就我们所知,没有两朵雪花一模一样。

雪和雨一样,都是云中水气凝结而成。当云中的温度在0℃以上时,云中没有冰晶,只有小水滴,这时只会下雨。如果云中和下面空气温度都低于0℃,小水滴就凝结成冰晶、雪花,下落到地面。

雪花是一种美丽的结晶体,它在飘落过程中成团地攀联在一起,就形成雪片。单个雪花的大小通常在0.05～4.6毫米之间。雪花很轻,单个的重量只有0.2～0.5克。无论雪花怎样轻小,怎样奇妙万千,它的结晶都是有规律的六角形,所以古人有"草木之花多五出,独雪花六出"的说法。六角形的晶体又可分成薄饼形、细针形、棱柱形和星形四类。

雪花的形状与它形成时的水气条件有密切关系。如果云中水气不太丰富,只有冰晶的面上达到过饱和,凝华增长成柱状或针状雪晶;如果水气稍多,冰晶边上也达到过饱和,凝华增长成为片状雪晶;如果云中水气非常丰富,冰晶的面上、边上、角上都达到过饱和,其尖角突出,得到水气最充分,凝华增长得最快,因此大都形成星状或枝状雪晶。

雪花飘落到地面会发出嘎嘎的声响,告示它自身的温度。雪花的近似温度,可以根据它在我们脚下发出的声音来判断。

声音低沉浑厚,表明它自身的温度只略低于华氏32°(摄氏0°);华氏23°(-5℃)时,雪花的音调升高。声音越尖,温度越低。当华氏5°(-15℃)时,雪花发出令人不快的嘶裂声,尤如小提琴的音符升到最高时胡乱弹奏所发出的刺耳声响。

雪结成冰时所发生的尖叫声有如用刀子刮盘子发出的声音,令人毛骨悚然。

我们常见的雪是白色的,但有时也会出现红雪、黄雪、黑雪、绿雪、褐雪等彩雪，它们都是在特殊的环境和条件下形成的。例如，在那些终年冰封的永久冰雪地带，生长着大量的含着红色素的藻类，白雪就被红藻粘染而成红雪；绿雪常见于北极、西伯利亚和阿尔卑斯山等地，它主要是由绿藻类的生长藻和雪生针联藻的大量繁殖而形成的；在我国天山东段与沙漠相邻的地区，有时会出现因夹着黄色尘土的黄雪。雪对人类有很大好处。首先是有利于农作物的生长发育。因雪的导热本领很差，土壤表面盖上一层雪被，可以减少土壤热量的外传，阻挡雪面上寒气的侵入，所以，受雪保护的庄稼可以安全越冬。积雪还能为农作物储存水分。

此外，雪还能增加土壤肥力。据测定，每1升雪水里，约含氮化物7.5克。雪水渗入土壤，就等于施一次氮肥。用雪水喂养家畜家禽、灌溉庄稼都可收到明显的效益。

降雪还有一个好处是，能使浮游在空气中的灰尘、细菌随着雪花沉落到地面，有些病毒被冻死了，病原减少了。雪后，空气新鲜、清洁，对人体健康大有好处。

雪对人类有利也有害处。在三、四月份的仲春季节，如突然因寒潮侵袭而下的大雪，就会造成冻害。所以农谚说："腊雪是宝，春雪不好。"

寒云聚珠化冰雹

冰雹是从发展强盛的雹云中形成降落下来的，所以常常与雷暴雨同时出现。大小不等的冰块落到地面，大的如鸡蛋、核桃，小的像黄豆、米粒。有一年，我国甘肃省的平凉地区曾降过大冰雹，最大的竟达50多公斤重。

1930年，五个法国的滑翔机飞行员驾机钻入洛因山上空的雷雨云层。跳离滑翔机后，他们被上升的气流托上超冷的水蒸气区域，变成冰雹的核。冰一层一层地把他们裹起来，直至从天上掉下来。他们全冻僵了，五个飞行员只有盖伊·墨奇幸免一死。

冰雹可以把庄稼严重毁坏，因此意大利农民定期地点燃5万支装有火花的火箭，把它们射入潜在冰雹的云团里，在冰雹降落之前就把它们驱散。

在英格兰东部林肯郡巴顿市的一座纪念碑或许是世界上最为奇特的纪念碑之一，它用于纪念1883年7月3日的一场可怕的大冰雹。

碑文记载："纪念1883年7月3日下午10时半到11时东巴顿的大冰雹。冰长13厘米，宽7.6厘米——15吨玻璃被打破——重78克。"

上述"冰"指那些最大的冰雹。

纪念碑用当时刚烧制的砖头建成——它们经历了暴风雨的侵袭而仍然很坚实。那场冰雹给这些砖头留下了很深的凹痕。

雹云是积雨云的一种，它与一般的积雨云有所不同：雹云的云底较低，一般离地面只有几百米，而云顶却很高，可达十几公里，云体相当高大深厚，大都呈暗红色或灰黄色。

雹云内部有三个不同的层次：云体的下部是由水滴组成的暖云（温度在0℃以上）；云体的上部是由冰晶、雪花和过冷水滴组成的冷云（温度在0℃以下而未冻结的水滴）；云体的中部是冰水共存的区域。在这种既有水滴又有冰晶、雪花的混合云体中，水气很容易直接凝华在冰晶上，并使冰晶迅速增大为冰粒。当冰粒大到0.1毫米左右时，就要随着云中的垂直气流上下来回翻腾。当云中的上升气流比较强烈时，冰粒就被送到云的上部，一路上与过冷水滴、冰晶及雪花相碰撞，逐渐凝结成一个不透明的白色冰核，称为"冰雹胚胎"。

当云中的上升气流减弱时，这个冰核又要从云的上部降落下来。由于云体下部的温度比较高，冰核落到这里，表面一层冰雪开始溶化，同时又有一部分水滴粘附上去，当再碰到猛烈上升气流时，这个冰核再次被带到高空，粘附在它外面的一层水滴又开始冻结成一层冰壳。由于冰雹胚胎就这样一次又一次地被托上去、落下来，经过几次到十几次的反复，冰雹胚胎越长越大，分量越来越重。当云中的上升气流再也托不住它的时候，就从云中一落千丈地掉下来，成为我们所见到的冰雹。冰雹天气一般多出现于夏季闷热的午后。

冰雹是一种破坏性很大的灾害性天气。一场重雹灾常使大批作物、果树、蔬菜遭到毁灭性的打击，即将成熟到手的庄稼也会颗粒无收，有时还直接威胁着人民生命及财产安全。现在，虽然有了一些人工防雹、消雹方法，但还不能从根本上杜绝冰雹灾害。

惊天动地的高山雪崩

1950年，我国西藏东部的波密地区发生了一次罕见的雪崩。雪崩中，一个庞大的雪体从海拔6000米的高山上崩落下来，越过一条冰川，翻过一道海拔4000米的山梁，最后堆积在雅鲁藏布江大拐弯处的一条支流中，堵塞了河流，切断了公路交通。

这个庞大雪体所过之处，形成了类似核弹爆炸冲击波那样的巨大冲力，把森林植被一扫而光。

1970年7月24日，我国天山南部高山带发生了一次雪崩，不仅扫光了沿途的森林，还摧毁了房屋，造成了人畜伤亡。

雪崩是积雪向下迅速滑动的自然现象，它有两个先决条件：

首先，发生雪崩的地方必然是倾斜的山坡或沟谷，坡度越大，越容易发生雪崩。平原地区即使积雪很厚，也不致有雪崩出现。

其次，还要有较厚的积雪，据一些资料分析，山坡积雪深度30厘米以上就会发生雪崩，雪深70厘米时就会经常发生雪崩。

因为雪崩大都发生在高山积雪地区，它是登山者的大敌。过去有的登山运动员在攀登珠穆朗玛峰时，就是因为碰到了雪崩，被掩埋在积雪之中。此外，降水、气温、阳光、风力、地震以及触动都会导致雪崩。

我国科学工作者经过多年的研究考察，已经总结出建筑土丘、水平台阶、导雪堤工程等一整套防止雪崩的办法，有效地减轻了雪崩的危害。

缥缈奇幻的雾

雾大多发生在冬天和春天，雾一般是这样形成的：当大气中所含的水汽冷却到一定温度——露点时，便会凝聚成小水滴变成雾。

雾通常分成辐射雾、平流雾和蒸发雾三种。

辐射雾多出现在大陆上，发生在秋、冬晴朗的早晨，一般水平范围不大，厚度较小，日出后逐渐上升消失。

平流雾（又叫海雾）大多发生在春夏之际的海上或海岸附近，凡是寒、暖流交会的地方都有产生，有时终日不消失。

蒸发雾是冬季在河湖上空形成的雾和北冰洋上常见的北极雾。每当冷空气移动到暖水面时，由于水面的强烈蒸发而形成了雾。

我国的海雾在漫长的海岸线上都有发生。每年从2月到8月，我国沿海各地从南往北，是全年最多雾的季节。先是福建沿海，然后长江口附近、黄海沿海相继出现海雾。

我国山东半岛成山角外海，每年7—8月，这里的浓雾经常几天不让太阳露脸。一年之中，海雾多达80天以上，我国雾日最多的海区，被称为中国的"雾窟"。

渤海出海口海岸一带，常年为渤海冷气团南下的通道，这种冷气团同海面上空的暖气流之间，造成温差悬殊，容易使低空水汽积聚，使贴近海面的空气出现小的雾滴。雾滴随风飘荡，扩散，很快播散到上空。而贴近水面的空气在继续形成雾滴，不断向外扩展，雾就越来越广，越变越浓，使雾区连绵几十、几百、上千米，厚达几百米或几千米。

世界上雾特别多的地方，是在北美洲东部纽芬兰岛，最多的月份，每月平均有20多天是雾天。再如弗琴岩附近，一年里几乎半年是雾天，夏季里10天中8天有雾。

海雾是航海的大敌。在海难事件中，同海雾有关的占了1/4。1955年5

月11日，日本"紫云丸"号同另一艘船在浓雾中相撞，死168人，成为雾航中的一个大悲剧。

英国的伦敦，曾有"世界雾都"的称号。过去，平均每5天就有一天是雾天。一旦发生大雾，常常连续几天不散，往往造成严重的"雾害"。

汽车慢得像蜗牛爬，船不得不鸣笛前进。遍地茫茫，街头虽有路灯，能见度还是很低，10米之外的东西只是模糊一片。

近年来，英国政府采取了一系列措施来加强环境保护，伦敦上空很少见到滚滚的黑烟和灰黄色的浓雾，面貌已焕然一新。

世界上雾日最多的城市是重庆，那里冬春两季雾霭茫茫。早晨，整个山城雨雾蒙蒙，到中午才渐渐消失；有时一连数日笼罩在迷雾之中。重庆全年平均雾日有103天，最多达206天，平均2—3天就有一天雾天。

我国雾日最多的地方是峨眉山。1953年—1970年间，峨眉山年平均雾日达323.4天，最多一年达334天，最少的一年也有309天。可以说，峨眉山几乎天天有雾。

峨眉山的雾，山顶山麓雾少，形成了奇异的景观：雾岛。云雾缭绕山腰，奇山谲云令人醉，它静如练，动如烟，轻如絮，阔如海，白如棉。在山顶之上，人们眺望脚下那云飞雾罩、雨雾弥漫的景观，仿佛自己置身于缥缈奇幻的仙境之中。

美丽的"树挂"——雾雨凇

雾凇和雨凇俗称"树挂"。在寒冷的冬季，近地面常有发生，当雾内小水滴的温度已在0℃以下时，一些树枝、电线或近地面物体的突出部位，有类似霜一样的乳白色凝结物，这就是雾凇。

雾凇有两种。一种是冷却雾滴碰到冷的地面物体后迅速冻结成粒状的小冰块，叫粒状雾凇，它的结构较为紧密。另一种是由冷却雾滴凝华而形成的晶状雾凇，结构较松散，稍有震动就会脱落。

如果在近地面存在一个逆温层，即温度由地面向空中逐渐递增，当云中的冷雨滴降至温度低于0℃的地面及树枝、电线等物体上时，会立即冻结成粗粗的冰棍，有时还边滴淌边冻结，结成一条条长长的冰柱，这就是雨凇。雨凇也叫冰凌、树凝，形成雨凇的雨称为冻雨。

我国大部分地区雨凇都在12月至次年3月出现。雨凇最多的地方是四川的峨眉山，平均每年出现135.2天，最多的年份出现167天。雾凇出现最多的地方是在吉林省的长白山，年平均出现178.9天，最多的年份有187天。

严重的雨凇会压断树枝、作物、电线，影响交通。如河北承德于1977年10月27—28日出现的一次罕见的雨凇，使60多万棵树折断。

凝气而成的露水

夏秋的清晨，我们常可在一些草叶上看到一颗颗亮晶晶的小水珠，这就是露。

古时候，人们以为露水是从别的星球上掉下来的宝水，所以许多民间医生及炼丹家都注意收集露水，用它来医治百病及炼就"长生不老丹"。

其实，露水不是从天上降下来的，而是从地面"生"出来的。

露水的成因可以从吃冰镇饮料时得到证明。当我们把冷饮倒进杯子里时，杯子外面马上会出现一层薄薄的水珠。这是因为杯子外面的热空气碰到杯壁时冷却而达到饱和，于是一部分水汽就在杯子外面凝结成小水珠。

在晴朗无云、微风飘拂的夜晚，由于地面的花草、石头等物体散热比空气快，温度比空气低。当较热的空气碰到地面这些温度较低的物体时，便会发生饱和而凝结成小水珠滞留在这些物体上面，这就是我们看到的露水。

如果夜间有微风，那么它们会把这些由于发生了水汽凝结而变得较干燥的空气吹走，使湿热空气不断进来补充，从而产生较大的露珠。

露水对农作物生长很有利。因为在炎热的夏天，白天作物的光合作用很强，会蒸发掉大量的水分，发生轻度的枯萎。到了夜间，由于露水的供应，又使作物恢复了生机。此外，作物在潮湿的空气里有利于对已积累的有机物进行转化和运输。

彩霞满天兆晴雨

在日出和日落前后，天际有时被染成红或橙红色的艳丽色彩，这就是霞。出现在早晨的叫朝霞，出现在傍晚的叫晚霞。

霞是怎样产生的呢？日出和日落时分，太阳光要通过较厚的气层才能照射到地平线附近的波长较短，被散射得最厉害，到达地平线上空时已所剩无几了。余下的光线只有波长较长的红、橙、黄色。这些光线经地平线上空的空气分子、水汽和尘埃杂质的散射后，我们就能看到色彩艳丽、美如画卷的彩霞了。

空气中的水汽、尘埃杂质越多，彩霞的颜色就越鲜艳。天上如有云块，这些云块也会"染"上艳丽的色彩。

1883年8月23日，印度尼西亚的喀拉喀托岛上，发生了一次强烈的火山爆发。喷发出的火山灰渣约有180亿立方米，大量细小尘埃升到七八万米的高空，长期弥漫于天空。所以那一年，世界各地看到的彩霞都特别鲜艳美丽，人们称之为"血霞"。

由于霞的颜色和鲜艳程度与大气中的水汽的含量、尘埃多少有关，因此，霞的色彩与出没对天气变化有指示意义。谚语说"早霞不出门，晚霞行千里"，就是说早霞预兆雨天，晚霞预示晴天。

◎ 天变无穷 ◎

　　无论是云，无论是雨，无论是风，无论是雪，广袤的大气千变万化，异象叠出，形成了自然界无穷的造化。

　　人类五千年文明虽然无法改变天气，但正在通过环境保护，寻找一条走向"天人和谐"的通途……

天马行空云多变

天空中的云彩绚丽多姿，千变万化。

地面上的积水慢慢不见了，晾着的湿衣服不久干了，水到哪里去了？原来，它们受太阳辐射后变成水蒸气蒸发到空气中去了。到了高空，遇到冷空气便凝聚成了小水滴，然后又与大气中的尘埃、盐粒等聚集在一起，便形成了千姿百态的云。据估计，每年从海洋、陆地上蒸发到大气中去的水汽，约有4.5万亿吨之多。

组成云的小水滴很小，一般直径只有0.01～0.02毫米，最大的也只有0.2毫米。由于它们又小又轻，下降的速度很慢。在降落过程中，随时又会被上升气流抬起，或者在未降到地面前就被蒸发掉了，所以，它们便成群地飘浮在空中。

我们平时看到的云有各种色彩，有的洁白，有的透明，有的乌黑，有的呈铅灰，还有的呈红色和黄色。其实，天上的云本来都是白色的，只是因为云层的厚度不同，以及云层受阳光的照射而显出不同的颜色。

云的姿态各异，成因也不相同。一般可将它们分为积状云、层状云、波状云三大类。

积状云又叫对流云，包括淡积云、碎积云、深积云和积雨云。它们的外形很像棉花团和高耸的山峰，是由大气对流运动形成的。淡积云、碎积云和浓积云的个体孤立分散，一般不会下雨。如果空气对流旺盛，它们便有可能进一步发展，成为成片的积雨云，最后产生降雨。

层状云包括卷层云、高层云和雨层云。它们像幕布一样布满天空，覆盖着几百公里甚至上千公里的地区。这类云最常见于暖湿气团沿冷气团上部爬升的交界面上。当暖湿空气沿山爬行时，也容易生成层状云。卷层云是一种乳白色云幕，高度一般都在五六千米以上，由微小的冰晶组成。高层云为浅灰色云幕，通常高度为2000～6000米，由水滴和冰晶组成。雨层云是低而均匀的云幕，水平伸展范围很广。几乎总是遮蔽整个天空。雨层云内贮藏着大量水滴，降水时常常是连续性的。

波状云包括卷积云、高积云、层积云和层云。它们的形状很像一片片鱼鳞和屋顶的瓦片，是由大气的波动运动形成的。

如按云的高度来分，又可分为四大云族，即低云、中云、高云和直展云。低云多由水滴组成，云底高度一般在2500米以下；中云也多由水滴组成，云底高度一般在2500～6000米；高云多由小冰晶组成，云底高度一般在6000米以上；直展云则由水滴、过冷却水滴、冰晶混合而成，云底高度通常在2500米以下。有些直展云会产生雷阵雨，有时伴有狂风或冰雹。

世界在变冷还是在变暖

　　有些科学家确信，世界正在变得一年比一年更冷，并且警告说，冰川时代将再次来临——上一次的高峰期大约在18000年前。

　　地理学和历史学的记载证实，欧洲的气候在不断变化。大约从公元前400年到公元1300年，欧洲的气候要比现在温和得多。在小冰冻时期，即从大约1300年到1890年，冰川向外扩张，北纬的海水——譬如波罗的海——长时间保持冰封状态。

　　从1890年到1940年，全世界的气温上升了大约华氏0.18°，有些动物向北迁居。海洋不像以前那样冰冻，从格陵兰飘浮出来的冰山也不像以前那样长驱南下。

　　自1940年以来，气温又回降。根据美国国家海洋管理局的调查，从1945年到1968年，北半球平均高度的气温降低华氏0.5°。在美国大陆分界线以东，近10年比过去30年的气温平均降低了华氏1～4°。同一机构的另一个调查研究表明，1964年到1972年间，美国日照量减少了1.3%。

　　美国国家海洋大气管理局气候环境评估中心主任詹姆士·D·葵格博士指出，在高纬度庄稼种植区，年平均气温显而易见的微小变化足以影响作物生长季节的长短，从而导致某种作物遭到淘汰。

　　他还指出，世界小麦产量由于气候引起的变化，年与年之间的差异幅度——非常好的年景和非常差的年景之间的差异，相当于世界小麦年消耗量的10%。他说："从实际情况来看，我们总还有所储备，这是最近几年来风调雨顺的结果。"

　　多数专家一致认为，世界气候变冷主要是由到达地球的太阳热量的变化引起的。这种变化是怎样产生的？是怎样使世界的冰河时代和温暖的间冰期互相交替、周而复始的呢？这是科学家们长期以来争论不休的问题。

　　然而，近年来，气候专家们却宣称，由于"温室效应"，世界的气候慢慢地变得越来越温暖。

　　按照温室效应理论，燃烧释放的二氧化碳在大气积聚，使得太阳的热气只能进入大气而无法往外扩散，这与一个温室的功能相似。果真如此的话，其影响将是全球性的，而且有时具有破坏性。比如，许多沿海城市将由于南极西部的冰山溶化而被淹没。

　　虽然，近年来大气层的二氧化碳肯定有所上升，但平均气温却没有升高。气候专家们说，这可能是由于最近几年来火山灰形成的屏障把太阳的热量挡住了。

冰川在溶解中流动

世界上大约3/4的淡水以冰川的形式贮存着——巨大的冰河和肋状冰山。它们覆盖着两个极地和自世界最高峰缓缓拓路而下。

有些地方的冰块厚度超过3公里。据统计，它们所包含的水量可以把地中海灌满六次，可以使全世界海洋水位提高60米。假如把它们溶化，伦敦、纽约、巴黎和世界上其他许多主要大城市都将被水淹没。

然而，有计划地对冰山进行人工溶化是有益的。俄国人在其本土拥有大约10000座冰山。他们正在研究各种办法来缓解中亚地区的干旱，他们还希望在冬季里进行人工造雪。

冰山是由于冬天的降雪量超过夏天的雪融量形成的。多余的雪年复一年的增加，底部的雪片受压，收缩、变密，最后形成坚如硬石的雪团。由于压力不断增加，坚硬的雪团进一步变成水晶般的冰块，状如串珠。由于上面的压力再度增加，冰块最后被压成岩石一样坚硬的冰山。

假如事情到此了结，那么冰山应固定在原来的位置。然而，地心引力的牵动使岩石般的冰块像可塑性物质一样活动，并在其作用下开始滑动。

冰山通常一天移动10多厘米，但也有例外。据载，1966年在斯底尔山上空观察到，有座冰山每小时竟移动60厘米。

大约25000年前的最后一次冰川时期，冰山向陆地移动，加拿大大部和北欧都被冰山压在底下；而在南半球，澳大利亚的部分地区也在冰川的重压底下。

冰川不屈不挠地沿峡谷向下滑动，把阻挡它去路的岩石铲开，将峡谷变成一个个U型山谷。大约18000年前，冰山开始消退，而溶解的水聚留在山谷里形成湖泊，北美的大湖和英国的湖区，都是这样形成的。

冰川时代使许多动物灭绝了，但同时也令许多其他动物分布范围扩大了，因为冰川给它们提供了一条通过冰冻的海洋跨越大陆的路线。比如，现代马的祖先就是在15000年前从北美越过现在的白令海峡（当时像桥梁一般）来到欧亚平原的；而美洲印第安人的祖先也是越过同样的桥梁，以相反的方向从亚洲经阿拉斯加，开始他们在美洲的拓植生活的。

灼热的沙漠在移动

横跨非洲大陆的撒哈拉大沙漠正在以每个月0.8公里的平均速度向南移动——某些地带移动的速度相当于平均速度的4倍。

在沙漠中，有一条6400公里长的地带受干旱的影响，动物纷纷死去，庄稼枯萎，人们受饥挨饿。幸存者蜂拥到正在日益缩小的热带草原。

无限制的放牧，加速了草原缩小的过程。下雨时，倾盆大雨骤然而下，把上层仅存的泥土刮走，利少弊多。在撒哈尔——撒哈拉沙漠以下的半干燥地带的所有国家毫不例外地遭到死神的威胁。气候专家们预言，地球在今后的几十年里雨水稀少，这很可能把目前的一些肥沃耕地变成尘埃覆盖的盆地。从气候类型来看，是什么因素导致这种突变的呢？原因尚不知究竟，但有些因素是气候专家们所共同肯定的。

首先，一方面地球上的能源供应明显地减少，而另一方面能量却大量大量地往地球外部扩散，影响着世界的气候。南北两极正在变得更冷，这直接影响到围绕北极旋转的高山风环（又称极地旋风）。极地旋风正在扩展，并且向南侵袭，把干燥的空气带向南推进。科学家们认为，这就是撒哈拉地区异常干燥的原因。

由于高压带向南推移，雨被驱散到大洋和非洲以南更远的地区降落。

洋流随地球的转动而流动，这也是沙漠的成因之一，从极地来的冰流冲击着大陆的边缘。从海面刮向大陆的风虽然因携带少量湿气经变冷而形成雾霾，但由于湿气太少而不能凝结成雨水。

再者，高山形成的屏障常把雨水阻挡住，使得它背后的国家变得干燥，刮到亚洲戈壁沙漠和撒哈拉沙漠腹地的风要经历漫长的路程，携带的雨水在途中便降落了。

世界主要气候类型的变化既不更新，也不是一成不变的。从公元前4000年到公元前2000年，撒哈拉像是富饶的草原。在沙漠里发现有最早的图画，刻在阿尔及利亚南部的塔西里岩壁上。大约属于公元前8000年的这些图画描绘了人类猎取水牛、大象、狮子和羚羊的情景。在大约公元前4000年以后的部族画下了他们的牲畜吃草的情景。再以后的图画，画的是战争的混乱，尼罗河上的船只，骆驼，手持刀枪、盾牌的勇士，这些图画表明塔西里的居住者了解遥远东方的埃及人。最后的部族大约是在2000年前离开的，此后整个地区荒芜了。

人类对土地的使用不当，也使得沙漠不断向外延伸。滥砍树木，没有节制的放牧，过分的耕作等等，把一些原来肥沃的土地变成了尘土覆盖的凹地。人类能否相应地消除这些破坏？给人类以时间、财力和技术，这完全没有问题。关键是水——分布合理，数量适度，时间合宜。

但问题似乎并不简单。没有排水系统，无节制的胡乱灌溉，使得盐分浮到表面，结果使土地变成不毛之地。中东一些国家的政府最近几年来已懂得这个道理，但他们为此付出了高昂的代价。建造水库会使泥浆淤积，把河流堵塞，深井抽水能使水位严重下降。

有趣的是，世界有足够的水来满足人类的需求。海洋为地球上的每一个人贮藏了数以万吨的水。问题是人们还得把它当中的盐滤掉，变成可以饮用的水。解决这个问题的办法有多种，如化学法、蒸馏法和冰冻法等等。

迄今为止，在从海水中提纯饮用水方面，最为成功的要算英国所采用的多级蒸馏法。在高压情况下将海水加热，不使其沸腾，然后将其导向一个压力较低的房室令其沸腾，释放出无盐蒸气。蒸气经过灌满海水的螺管冷却，一方面又将螺管里的海水加热，如此周而复始。

科威特人曾经在屋顶上建造蓄水池，或在院子里筑水库收集尽管是不多的雨水（每年大约不超过130毫米）。他们靠帆船从伊拉克运水补充以及从挑着羊皮袋沿街叫卖的水贩子那里买水喝。

现在这个十分富有的石油国已有能力从波斯湾每日蒸馏数千万升淡水，并且有现代化的运水车队运输。由于蒸馏水没有味道，因此还得加5%的盐水使蒸馏水不仅有味道，且含有矿物质。

在波斯湾沿岸国家，气温超过华氏100°（摄氏38°）并非罕见。人们在塑料房子里种植蔬菜。房子靠抽进经过废水幕帘冷却的空气保持凉爽。废水是经过脱盐工厂加工处理过的。水和养料混合物通过塑料管提供给植物吸收，西红柿只须3个月便可采摘，黄瓜只要6星期。

地球自转产生毁灭性大风

一次普通的飓风所释放的能量相当于几个原子弹爆炸的能量，1分钟的能量足够美国50年的用电。

但是，飓风无法控制，它们毫无束缚地把能量释放到大气层，却常常把死亡和灾难带给广阔的沿海地区。

1970年，飓风袭击了孟加拉国，引起潮浪，吞没了至少20万人的生命。1900年美国得克萨斯州的一场飓风掀起了巨大风潮，使6000人丧生。1954年，在日本北端的岛屿，北海道函馆海湾，一条大型渡船被飓风击沉，1000人葬身大海。

飓风是在大海产生的，条件是水温高于华氏80.6°（摄氏27°），这意味着北部海面通常不会产生飓风。温暖的海洋形成漏斗状气流，升至12200米的高空，气流冷却形成积云。由于高空气流扩散，从海面上沿漏斗上升的气流不断加强。地球的自转导致气流旋转，飓风由此产生一股直径650公里的强劲风暴，在旋转中，风速每小时达320公里。

飓风的中心称为风眼，直径约32公里。风眼温度适中，只有微风，一切都很平静，显然是由离心力形成的。因此在飓风袭击的地方，在另一半到来之前都有一小段平静，而后骚乱再起。

飓风在洋面形成之后往往再度加强，因为水的热量使漏斗中部气流上升加快，但到了陆地，由于森林和高山的阻挡，并且由于它不再有水蒸气上升所提供凝结的热源，所以飓风一旦到了陆地，没几天就会消失。

飞旋而动的龙卷风

飓风是自然界最强大的风暴，但是，它的堂兄弟龙卷风虽然作用范围比它小，破坏性却有过之而无不及。龙卷风的发生没有先兆，延续时间通常不超过1小时。

龙卷风通常发生在炎热、潮湿的日子里，中心地区在美国、西印度群岛、南太平洋和澳大利亚。它开始时会出现漏斗状云团，慢慢地转动，几分钟后，云团开始迅速旋转起来。黑色漏斗形的旋风以每小时40～65公里的速度向前移动，旋风中心的气流以每小时160～320公里的速度上升。这种速度产生的吸力，足够把巨大的物体吸入旋风的风口，提到空中……

在陆地或者海洋上，有时会出现一种奇特的自然景象，在雷雨云的底部突然向地面或海面垂下一个弯弯云柱，像一个巨大的漏斗，又像挂下的一条象鼻，在空中游动。刹那间，地面上的沙石、尘土和多种物体，都被卷到半空，飞舞飘移；地面上树拔车翻，墙倒屋坍，人畜伤亡。有时，它伸向水或海上，立即竖起了一根高大的水柱，云水相接，十分壮观。

古代，人们说它是"龙"在戏耍，叫它"龙吸水"、"龙摆尾"、"龙倒挂"等，气象学上也就叫它"龙卷风"了。龙卷风有水龙卷、沙龙卷、雪龙卷和火龙卷等多种。

1898年5月16日，在澳大利亚南新加勒伊登附近的海面上，突然竖起一根高高的水柱。据海岸边经纬仪显示，它高约1528米。这是世界上最高的水龙卷，也是世界上最高的龙卷风。

1923年9月1日，日本关东发生大地震，引起漫天大火，长达40小时以上。上升的烟云和热空气积聚成银光辉映的积雨云，40千米以外的地方都能看到。云下面持续伸出一条条象鼻，一天内共出现120个火龙卷和烟龙卷，一路上把人、房屋和汽车等卷向天空，造成巨大的伤亡和财产损失。

世界上迄今记录到的最强的而又较详细的一次龙卷风是1925年3月18

日出现在美国的一次强大的龙卷风。它时速96千米，连火车都被推倒，造成3800多人伤亡，财产损失达4000多万美元。

据统计，全世界每年的龙卷风大约1000次以上。美国是龙卷风光顾最频繁的国家，加拿大、墨西哥、澳大利亚、意大利和日本等国，也是它常拜访的地方。

1904年夏天，俄国莫斯科东南方向突然出现一个活动着的旋涡，云下伸出一条大"象鼻"，伸向地面，所过之处，屋顶在空中飞舞，一棵百年大树旋向空中，母牛也腾空而起。一个士兵被吸进旋涡中心，飞得更高，一瞬间被剥个精光，赤条条地摔了下来。

1920年秋，美国堪萨斯州的一个小镇上，有所小学正在上课。突然间，传来了可怕的呼啸声，孩子们惊恐地奔向女教师身边，她发愣似的搂住孩子们。又是一声响，门窗崩落，接着女教师、小学生们和课桌椅等一起升向半空，她看到有几个学生和一些桌椅像长了翅膀似的绕着她在旋转，吓得昏了过去。当她醒来的时候，发现瓦砾堆下埋葬了13个小学生。

美国墨西哥湾沿岸，特别是佛罗里达半岛以南海面上，是水龙卷出现最多的地方。常在雨季（5—10月）发生，以8月为最多。1968年8月的8天中，共出现27个漏斗云，有一天竟出现了8个。短时间内有许多水龙卷同时或接连出现在海面上，极为壮观。

我国也有龙卷风出现。1956年9月24日，上海遭到龙卷风袭击，强风把浦东江边的一个三四层楼高、重11万公斤的储油桶吹落到170米远的地方。1970年5月27日，龙卷风光顾湖南津县，途经沣水时，将江水卷起30米高、80平方米宽的大水柱，使沣水河底露天。

通常，龙卷风发生在炎热的夏天，往往随着强烈的雷雨云一起来临。龙卷风也发生在低气压活动较多、冷暖空气频繁交错的春秋季节。

龙卷风的直径不过几十米到几百米，风速每秒可达几十米到100多米，最大的可达200米；12级台风的速度也不过每秒33米。

龙卷风是怎样形成的呢？科学家认为，在龙卷风形成前，先是形成气旋，气旋在活动中遇到多雨的雷电云以及河流、湖泊时，水被气旋吸走，变成神速的旋流，这样形成的漏斗旋涡会上升到寒冷的大气层上层，水就很快结冰而释放出巨大的能量。

近年来，人们发现，美国上空发现的龙卷风次数，比过去至少增加了

5倍。现在，美国公路上的汽车至少有260多万辆。汽车右侧通行，许多汽车错车时往往形成逆时针方向的热气涡流，然后汇成一股强大的旋风。

不久前，科学家发现了一种新型的雷达——多普勒雷达，对旋风进行试验性应用，证明它在旋风到来前20分钟，就能侦察到。它将协助人们及早防止龙卷风的突然袭击，以减少灾难。

风大浪急的风暴潮

气旋所形成的台风和飓风推进到岸边，如果再同海洋中的潮汐变化相配合，会引起异常高潮出现，会叠起一片浪墙，伴有巨大的拍岸浪，加剧堤岸的溃毁。它涌上岸后，席卷一切，使沿海地区顿时满目疮痍。如果挟有倾盆大雨，破坏性就更大了。

世界上最大的一次风暴潮灾害发生在孟加拉湾。1970年11月12日，这里出现了一次大旋风，当时正逢上高潮，狂风、暴雨、海啸一起袭击孟加拉国，相互肆虐。由于风疾浪涌，海水直扑孟加拉湾一带的喇叭状海岸，地低人稠的海滨地带，顿时遭到风浪席卷。吉大港遭到严重的损失，哈提亚岛屿淹没了，变成水乡泽国，使100多万人无家可归，30万人失去了生命，28万头牲畜淹死。潮水退后，暴尸遍地。

1959年9月26日，美国沿海的大西洋上，刮起了惊人的飓风。白浪滔天，浪头有时高达60多米，巨浪猛烈冲击海岸。飓风袭击了安的列斯群岛，摧毁了石屋，拔起了大树。停靠在圣卢西亚岛附近的一个美国船队整个沉没了。巨浪把船队中的一艘船抛到天空，砸到岸边医院大楼上。在马提尼克岛附近，40多艘法国运输船遇难。巴巴多斯岛上的居民点被一扫而光，倒塌的房屋刮进了海洋。这次飓风使400多艘船只在港口和外海中葬身海底，使几万人丧生。

风暴潮的灾害几乎遍及世界上各个沿海地区，它分布范围之广、危害之大，同地震海啸相似，因此被称为"风暴海啸"。

风暴潮产生的因素除了气旋以外，高潮期重合，海岸的形状和海域的水深，对风暴潮增水的幅度也有影响。一般来说，陆架浅海增加了风暴潮的发展，而喇叭口形的海湾，更是加剧了风暴潮的汹涌澎湃。我国的渤海湾、杭州湾和广州湾等较大的海湾，都很容易形成很高的"水墙"滚滚袭来。

阿尔卑斯山的焚风

世界上有一种风，它吹过的地方仿佛被火烧过似的，因此叫焚风。这是由高大山脉而形成的一种地方风。

阿尔卑斯山区盛吹焚风。从意大利波河平原的米兰乘火车穿越阿尔卑斯山的辛普隧道，就会领略到焚风的威力。当米兰的雨天，火车驶近隧道口时，常常是倾盆大雨，寒气袭人；可是越过隧道，来到山北的瑞士，却是南风阵阵，晴空万里，干热难熬，真是"山前山后两重天"。这种热风盛吹时，一昼夜间，温度就会升高20℃以上，会使初春顿时变得像盛夏那样；在夏季，会使气候更加闷热，风过处，庄稼和草木变黄，叶子纷纷脱落。

焚风又热又干燥，加快了高山区积雪融化，容易造成洪水泛滥；它还会酿成风灾、火灾。在盛吹焚风的日子里，后山下的村庄，人们得实行灯火管制！

焚风是怎样形成的呢？原来，雄伟的山脉绵亘的大地上，阻挡着风的去路，逼使气流将水分化成雨、雪，留在迎风坡的一面。越过山脊的气流就沿着背风的山坡下沉，一路上温度在不断升高，等到吹到谷底和山脚下的时候，就变成一股又热又干的风了。

除阿尔卑斯山以外，格陵兰岛西海岸各地，南非沿海，中国的天山、秦岭山脚下，老挝、印度尼西亚等地，都有焚风吹刮。新西兰南岛的西北大风，伊朗的萨蒙风，也都是焚风。

美国的落基山东部，冬季积雪很厚，但到春天，焚风一吹，积雪提早融化了。当地人叫它"钦诺克风"，意思是吃雪风。一昼夜间，气温可从-20℃上升到10℃。加拿大的阿尔伯达省的冬季，一月份平均气温低达-21℃，而焚风一吹，一月份平均气温升到3℃。焚风送来的水和热使当地农业生产获益不少。它们使玉米和果树早熟。瑞士加尔州的玉米和葡

气象万千

青少年自然科普丛书

萄，就是靠了焚风的热量才成熟。高加索和塔什干，晚夏吹焚风时，使玉蜀黍、谷类作物提早成熟，获得丰收。人们叫它"玉蜀黍风"。

从背风坡降下的风也不全是热风，有时也会出现冷风，这种风叫布拉风。在丹麦、法国、意大利和南斯拉夫等地，常常吹刮布拉风。这种风形成于不高的山脉上空，随后刮向暖和的海洋。

1948年1月12日夜，在黑海东北岸的诺沃罗西斯克，突然刮起了一阵强劲的东北风，接着，在黑海上掀起了滔天巨浪。随着呼啸而下的大风，温度骤降到−20℃左右，飞溅的浪花在岸上迅速凝结成冰，甚至封住了许多民房的门、窗和烟囱。这次布拉风持续了3个昼夜，使不少船因载冰太重而沉没。

非洲几内亚湾是热带雨林气候，可是那里有时会吹刮一种像火一般干热的风。它吹上几十小时后，屋顶、树木和植物的叶片上都会抹上一层红色，连天空也是红通通的。原来，大风暴把撒哈拉大沙漠里的红灰沙和干燥空气带到几内亚湾上空，风像个干渴了多年的"魔鬼"，一到那里就到处找水"喝"，把水汽吞掉。大量的红色灰沙，把大地染红了。

沙漠地区是吹刮干热风的"大本营"。锡罗科风来自撒哈拉，它向北越过地中海，吸收了水分，便吹袭到西班牙、法国和意大利，成为一股闷热、潮湿，令人困乏和诅咒的风。哈布卜风吹袭苏丹时，狂风卷来沙漠中的沙粒，仿佛扑面而来的一堵墙壁，转眼间变得天昏地暗，干燥的风所带来的大量黄沙，常常把整个村庄都掩埋了。

撒哈拉沙漠中盛吹的可怕的风——西蒙风，把沙土扬入云端，黄沙遮天蔽日，白昼成了黑夜。它夹带落下的黄沙是惊人的。炙热的黄沙漫天飞滚，填塞了水井，湮没了绿洲，甚至会埋葬沙漠中的骆驼商队。

神奇的海市蜃楼

1798年，拿破仑的军队在埃及看到一种迷乱的景象——湖泊消失了，草的叶子变成棕榈树。据说士兵们都被弄糊涂了，纷纷跪在地上祈求上帝把他们从这即将到来的末日之中拯救出来。

在第一次世界大战期间，英军炮兵在一次沙漠战役中，由于海市蜃楼把敌军阵地完全遮掩起来，不得不停止炮击。另有一次，一位德军潜水艇艇长在远离美国东海的地方通过潜望镜看见纽约市出现在离他不远的上方。据说，这位艇长急忙下令紧急撤退。

1913年，美国的一个探险队在唐纳德·麦克米伦的带领下，出发去寻找一座由探险队员罗伯特·皮尔里发现的神秘的极地高山。探险队尽可能乘船穿过冰块，然后在冰上步行，直到他们看见了皮尔里说的克鲁克陆地的大山。但是，当他们往大山走去时，景象慢慢地改变，随着地球绕着太阳的转动，景象不同了。

最后，当太阳在地平线上消失时，高山化为乌有，留下的只是广阔无垠的冰的海洋。

探险队员们，包括罗伯特·皮尔里都认识到，他们上了自然界的当，让自然界的恶作剧——海市蜃楼给骗了。

北冰洋探险队花费大量的时间，耗费大量资金，进行了一次毫无所得的旅行。不过他们总算安然无恙。然而在沙漠之中，干渴的人们常被那永远也无法到达的银光闪闪的"湖泊"弄得发了疯。阿拉伯人把这种"湖泊"叫做"撒旦湖"。

海市蜃楼通常出现在沙漠，但任何地方都有可能出现。当空气层温度差和密度差处于超强的状态时，海市蜃楼就有可能出现。这时，物体反射的光波通过不均匀的空气层变成弯曲和不规则的折射，结果有可能在远处的地平线上看到物像。

绚丽多彩的极光

北极光，按斯堪的纳维亚人的神话传说，是战争女神维尔基瑞斯金盾的反光。这位女神是专司护送阵亡勇士的英灵到英灵殿的。

科学家们对这种现象并不做这种浪漫的解释。他们认为，极光与电视屏幕上图像的组成极为相似。电视屏幕上的图像是由于电子光束组成的，这些电子光束以电磁波形成聚焦在荧光屏上。

地球的磁场对太阳带来的电粒子有着同样的效应，并把它们聚焦在磁极上方——天空"屏幕"上。

在地球的两极地，磁场状如漏斗。当带电的粒子盘旋而下与上层的空气相碰时，激发了原子，正是这些原子产生极地的闪光。氧原子产生红、黄、绿光；氮原子产生紫、蓝或绿光。

极光出现在北半球称为北极光，在南半球称为南极光。极光在太阳表面爆炸时通常可以看得见。这时太阳表面的一小部分突然发亮，导致强烈的太阳风暴。在风暴过程中，原子核和电子脱离太阳环境，以每秒640～960公里的速度射向地球。

极光的壮丽景观在极地区域以外的地方是很少能够看得见的，但在地中海却曾看见过极光。很久以前希腊的哲学家亚里士多德写道："有时，在晴朗的夜晚，我们的天空中看见了各种各样奇妙的景象——深谷……壕沟……血一样的红。"他继而描述说，空气正在变成会流动的火。

彩色的雨和雪

　　雨，一般是无色透明的；雪，粗看起来像是雪白的。可是，雨有各种各样的雨，雪有形形色色的雪。

　　世界上下过各种色彩的雨。1763年，我国小兴安岭五营岭区下过一场黄雨，雨滴闪闪发黄，落到地面和屋顶上顿时呈现一片黄色。

　　1959年春天，白俄罗斯恰乌斯基区落过一阵黄雨。几小时后，黄雨停了，水洼中出现一层黄色的粉末。1962年春天，保加利亚卡尔兹哈利城下了场6小时的黄雨，雨后，地面上覆盖了一层薄薄的黄沙。

　　同是黄雨，来历不同。小兴安岭和恰乌斯基区的黄雨，都夹带了一种黄色的松树花粉，它们来自西伯利亚林海。卡尔兹哈利城的黄雨，是巨大的气旋把撒哈拉沙漠的尘沙带到保加利亚上空，随着雨水降落到地面。

　　1903年2月21—23日，欧洲许多国家大约5万多平方千米的面积遭到红雨的袭击。1983年1月6日，云南红河南岸的绿春县，接连下了两阵血红色的雨。所谓红雨，实际上是大风将大量松散的红土卷上天空，溶于雨中，降落地面。欧洲上空下来的红雨，来自摩洛哥的红尘，绿春县的红雨，来自红河两岸的红壤。

　　还有黑雨、蓝雨呢！1962年夏天，马来西亚的茂盛港突然降落了一阵黑雨，大雨过后，那里的溪涧和河流中的水，都被搅黑了。原来，这是大风把马来西亚的黑土卷向天空，伴随着雨降落下来。

　　1954年春天，美国落过一次蓝雨，这是那里的白杨和榆树粉末被吹向天空，伴随雨水降落。1956年6月13日，乌克兰基辅下过一次"牛奶雨"，"奶"滴在衣服上留下了白色斑点，这是混在雨里的白垩和陶土的尘埃。

　　1892年，西班牙的科尔多瓦城，晚上8时许，天空闪电，落下带电的雨滴，碰上树叶、墙壁和地面，便产生微弱的、闪耀的电火花，几秒种后就消失了。

雪和雨一样都是降水，也有闪光的雪和各种色彩的雪。

1964年3月3日，美国亚利桑那州图森市，下过一场罕见的闪光雪。晚上8时许，先是下雨，接着闪电，飘起大雪来，雪落到地面，不时出现一种短短的闪光现象，仿佛点点烛光。它不像闪电那样迅猛、激烈，也没有雷声。

科学家在南北极地区最早发现红、黄、褐等彩色的雪，有时面积还很大，时隐时现。科学家发现这些彩色的雪是低等植物雪生藻繁生后形成的。而天空里飘落的彩色雪，则是这些雪生藻被暴风刮到天空，同雪片相遇，粘在雪片上的缘故，原来，雪生藻含有色素体，能进行光合作用，自己制造养料。由于各种藻类所有的叶绿素和其他色素比例不同，就有红藻、黄藻、绿藻、蓝藻之分。

西伯利亚曾落过青雪，阿尔卑斯山和斯匹尔根岛下过绿雪，瑞士山区下过褐雪，美国加利福尼亚州下过有色的带西瓜味的雪，那是藻类耍的"把戏"。

挪威下过一次黄雪，这是由于一种松树的碎末卷向天空同水汽凝结成了黄雪。

1897年，彼得堡飘过一次黑雪。人们发现，雪地里有亿万个细小的黑色昆虫，它们乘风漫游天空，同雪一起降落到地面上。

◎ 奇气异象 ◎

虽然人类开始驾驶飞船脱离地球而到达太空，克隆技术使再造生物包括人类本身已成为可能。然而，天地间仍有许多不解之谜，等待着我们去破译……

"呼风唤雨"之谜

在我国云南高黎贡山的原始森林里，旅客们来到了一个小湖边。

游客们刚才顶着火辣辣的太阳赶路，一个个累得汗流浃背，都瘫坐在地上休息，有的人下水游泳。

导游卡龙叫住了想游泳的旅客，说："这湖水特别凉，下去会抽筋的。"

有人说："天气太闷热了，连一丝儿风也没有，叫人透不过气，要是这时候能下场雨该多好啊！"

"想要下雨并不难，"卡龙抬头看看天，很有把握地说，"我可以马上叫老天爷成全你！"

卡龙说着便两手拱成喇叭状放在嘴上，自顾自地大声叫喊起来："下——雨——啰！老——天——爷——快下雨啰——"

老汉粗犷宏亮的声音在天空中回荡，不一会儿，湖面上的天色骤变，只听得一阵凉风擦着树叶走过，紧接着，从天空中飘下了一片濛濛细雨。

游客们惊奇得一个个口呆目瞪，有的还揉着眼，怀疑自己是否看错了。

"哈哈！我不骗你们吧！"卡龙得意地笑了。

"你真神，我们服啦！"旅客们翘着大拇指说，"不过这雨太小，还不带劲儿。"

"嫌小？那好，再叫它下得大一些！"

"你还能控制雨势？"旅客们更感到惊奇。

"嗯。"卡龙胸有成竹地说，"不过，要让雨下得更大，我一个人的力量不够，还要请你们一起来帮忙。"

"我们能帮得了你什么忙？"

"能！"卡龙十分随和地说，"只要你们一起跟着我大声叫就可以了。叫什么话儿都可以，不过，叫一样的词儿、一样的调儿更好。来，预备——"

于是，大家各自扯起嗓子乱叫起来。叫声尽管拖腔拉调，奇怪的是，雨点果真明显大了，落在地上啪啪作响。

大家更起劲了，喊着，沉浸在无比的欢乐之中。

雨一阵大一阵小。不久渐渐小了，天空也开始放晴。大家还是不罢休，叫呀喊呀，但老天爷不理人了。

"再叫也没用。"卡龙说，"老天爷也累了，需要休息，不肯显灵了!"

"为什么?"也许是职业习惯，一名记者打破砂锅般地问道。

"老天爷的脾气，谁能摸得透?"

"那么，"记者又问，"大伯，你这呼风唤雨的本领是怎样学会的?"

"这哪算什么本领? 我们这里人，除了哑巴，谁都会呢!"卡龙不以为然地说，"你们也会嘛!刚才，你们一叫，雨不就下得更大了?"

"我们也会?"记者闹糊涂了，"不!那完全是你的法力，我们只是在一旁瞎起哄。大伯，你别保守，快告诉我吧。比如说，你是不是用了气功?"

"这跟气功有什么关系?"卡龙笑道，"凭我的眼力和嗓子!"

"眼力和嗓子?"记者琢磨半天，还是弄不明白。

带着这个谜，他离开了高黎贡山。不久，他正好遇到了一个地理学专家，经专家点拨，他明白了卡龙的话。

原来，高黎贡山原始森林里不少湖泊都四面环山，形成了独立的小气候，相互间空气几乎不流通。由于阳光照射，湖水蒸发，悬浮在空中的水汽越聚越多，以致达到饱和状态。如果在这种情况下有人喊叫，空气受到震动，就刮风下雨了。

"雷公"医治双目失明

上海郊区有位老太叫王小妹，71岁那年得了白内障，经多方求医无效，而且越来越严重，结果双目失明了。

老太很痛苦，生活不能自理，觉得这样下去连累了后辈，做人实在不是滋味，多次要寻短见，但都被家人劝住了。大家安慰她说："白内障算不了大毛病，据说最近有了新的医治方法，不妨去试试看。"

"我再也不去医院了！"老太很固执地说。其实，她并不是不想去就医，而是怕子女在经济上负担太重，实在过意不去。

家人好说歹说地劝她去就医，可王小妹就是不肯去医院。她这种宁肯自己吃苦也不愿累及子女的精神，深深打动了全村的人，都说："老天无眼，偏偏让好人受苦，真是太不公平了！"

1984年7月10日下午，乌黑的天空突然裂开一条缝，睁开了明亮犀利的眼睛。接着，一个闷雷炸开，震得山摇地动。这时候，王小妹正好坐在一把椅子里。突如其来的雷声，惊得她"啊"地叫了一声，从椅子上弹起来。就这么一叫一弹，一个奇迹发生了：她的眼眶里觉得一热，紧接着流出了一些眼泪。王小妹用手一揉，两只眼睛居然睁开了，还模模糊糊地看到了家门口场地上的树。

"啊！我的眼睛亮了！我的眼睛亮了！"王小妹高兴得像小孩一样叫起来，又跑到场地上，双手轻轻抚摸着树干，喃喃道："长高了，比以前高多啦！也长粗了。那时才胳膊粗，现在都大碗口粗了……"

人们闻声赶来，见她的眼睛果然复明了，都觉得奇怪，纷纷说："真是苍天有眼，菩萨保佑好人！"

菩萨有没有？当然没有。那么，瞎了14年的眼睛，怎么会让一个响雷给"治"好了呢？

原来，这纯属碰巧。当时，那个雷离王老太实在太近了，以致把她那十分脆弱的眼球晶体联系韧带给震断，于是，眼球晶体掉落到眼眶玻璃体内。

　　患白内障而失明的人，本来可以做手术摘除白内障晶体，或使晶体移位落到玻璃体内，使眼睛复明。而那个响雷的作用，恰恰代替了眼科手术，因此，王老太的眼病不治而愈了！

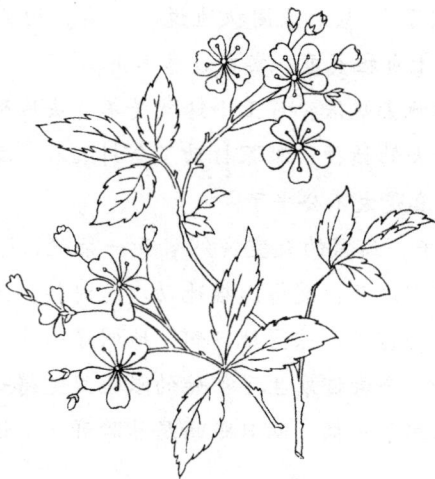

浓雾"蒸发"了四百士兵

1915年，土耳其的夏天炎热异常。一大清早，热浪已经在空气中升腾起来，这时，守卫在北部一座山头的新西兰士兵翘首望着海面。他们刚刚登陆，正等待着英国的一个远征兵团，会合以后，他们将一起攻打在达达尼尔海峡地区的敌人。

这天的酷热百年罕见，裸露的岩石被炙烤得滚烫，炽热的空气似乎就要燃烧起来。即使是在观察所里，士兵们也热得耐不住了。他们敞开衣领，骂骂咧咧地诅咒着该死的老天。

一个名叫德雷的士兵一边抹着淋漓而下的汗水，一边眯起双眼望了望透明得耀眼的天空。他的目光忽然停在了前方，有一大片浓厚的雾状东西纹丝不动地悬在半空，刺目的阳光透过浓雾反射出来。浓雾上方还浮着几片云彩。

他的同伴们也被这个奇特的景象吸引住了。这片迷雾巨大浓厚得出奇，而且在如此强烈的光照下，居然没有丝毫变化，真是奇观。一阵微风袭来，大家都惬意地吸了口气。奇怪的是，云彩和浓雾仍纹丝不动。

"英国人来了！"只听见一阵马蹄声由远而近。

正当他们纳闷的时候，英国兵团的四百多骑兵排列成八行，步伐整齐地走进了他们的视野。那片浓雾还是一动不动地悬在半空。

"你说他们敢不敢走进那片雾？"德雷向同伴问。他心中忽然产生了一种莫名的感觉。

"我敢打赌他们会的，那只不过是一团雾气罢了。"

果然，勇往直前的英国人毫不迟疑地钻进了浓雾。不一会儿，整个兵团隐没在雾中。

德雷心中又冒出了个奇怪的念头："几分钟后，走出浓雾的士兵该不会一个个浑身湿漉漉吧？"

可是，十几分钟过去了，英国人却迟迟不露面。

"也许聪明的英国佬在雾中稍事休息。"德雷又想。然而，几十分钟过去了，他们还是没有出现。真见鬼了！

德雷按捺不住好奇心，要到雾中看个究竟。同伴死命地按住他："你疯了吗？难道要我们看着你就此消失吗？"

他们还在争执不下，眼前的这片浓雾竟慢慢地移动起来，向上空升去。在蔚蓝的晴空中，白色浓雾的轮廓显得十分清晰。山地前方也顿时清澈起来。什么人也没有！什么东西也没有！四周一片旷野，难道四百多个英国骑兵全都蒸发了？就如同他们没有存在过一样？

浓雾渐渐升高，钻进了上空的云堆里，向北方飘去。

新西兰士兵个个目瞪口呆。他们简直不敢相信自己的眼睛。

好一会儿，他们才回过神来，赶紧向总部报告。然而，没有人相信他们的话，认定这个兵团还没有出发。直到经过联系，得知英国的兵团确确实实早已出发，这才引起重视。

后来，就再没有见过这个兵团。英国政府调查了很久，也毫无结果。

搬动石像引发暴雨

一连几个月的干旱无雨，使墨西哥北部农村河水涸竭，田地龟裂。

一支国家文物工作者组成的考察队在夸特林昌村的一条无水的干河床里考察时发现了一座石雕像。雕像高7.5米，直径4米，总重量约167吨。这样一个庞然大物，却雕琢得十分精细，经过考证，被认为是1300多年前某个能工巧匠的杰作。这无疑是文物考古工作中的重大发现，队员们无不感到高兴，连疲惫感也消失了。

正当队员们在考虑如何搬运这个庞然大物时，有人发现了一行镌刻在雕像底座上的文字，其大意是：不得随意移动，否则暴雨无情。下面还有一些文字，记载着某年某月某日，因挪动雕像而酿成水灾的几个史实。然而这些只信科学不信邪的考古队员们根本不相信雕像上的文字，七嘴八舌地议论着运输雕像的方案。

但雕像太沉重了，又没有大型运输工具。他们只好打电话向有关部门求援。

这时，夸特林昌的几个村民看出了考古队的意图，便纠集了一大帮人把考古队员们围住，不许他们动雕像。村民们群情激奋，个个反对，其中有几个老人是亲身经历过因挪动雕像而遭到报复的，更是极力阻止考古队的行动。

考古队慑于群众的情绪，只好暂时作罢。然而，当他们回到首都，把这一重大发现向上级作了汇报后，墨西哥政府为了保护这一珍贵文物，决定把雕像运往首都。

1964年4月16日，这座庞大的艺术珍品被装上了一辆有72个车轮的巨型载重汽车，在当地群众激愤的目光下，从夸特林昌村缓缓驶向墨西哥城。

几天后，雕像被安放在国家博物馆的主楼前。首都的人们纷纷前去参观。

令人难以置信的是，在雕像正式对外展出的那天，镌刻在雕像底座上的那句话应验了。

这天上午，万里无云的晴空突然乌云密布，几分钟后就下起了滂沱大雨，连续不断。人们打电话向气象台询问天气突然变化的原因，但气象台无法解释。

仅仅这一天，首都的降雨量达50毫米，是墨西哥105年以来的最高日降雨量。瓢泼大雨持续了十几天。

接着，墨西哥全国城乡闹水灾，有些受灾严重的地方成了一片水乡泽国，被大水淹没的人畜、房屋不计其数。

只有夸特林昌村安然无恙。因为村民们坚信雕像上的文字，在雕像被运走后，全体村民像被夺走了保护神，立即投入了筑堤修坝的工程，为防洪防涝做好一切准备，大雨到来时，村里的财产基本上没受到损失。

不少墨西哥学者乃至世界上的一些气象学专家对此大惑不解，他们无法证实石像与气候的特殊联系。有人建议政府动员全民先大修防洪抗涝工程，然后再挪动石像，看看是否会再一次发生大水灾，这样就没有后顾之忧了。然而，在全国范围内进行大规模的兴修抗洪工程需要动用巨额资金，政府各部门最终没有取得一个统一的意见。

后来，还是由文物考古和地质水文工作者组成了一个研究小组，专门对雕像进行探索研究。不过，这个研究小组已悉心工作了许多年，至今仍然没有什么结果。

至于那座神秘莫测的石头雕像，现在仍然放在国家博物馆供人参观。只是得派专门的警卫队昼夜守护着它，因为万一有人挪动了它，后果是不堪设想的。

麦雨、虾雨、青蛙雨

"天上落馅饼，天上下白面"，这是句笑话。可是，天上真有下麦子、豆子、青蛙、鱼儿的情况，甚至还有银币呢!天空常常给人们送来了意想不到的许多"礼物"。

东汉建武31年（公元55年），陈留郡（今河南开封一带）发生了一件趣闻：有一天，乌云狂风过后，天空骤然降落了大量谷子。奇闻不胫而走，传遍全国。当时众说纷纭，有人说，谷雨是龙王爷的施舍。科学家王充说，这是旋风从别处席卷谷子进入高空，然后随着雨一起落下。

1804年，西班牙沿海下了场"麦雨"。这可忙坏了当地人，个个手提口袋，收拣"天降"的小麦。

1979年春节，江苏盐城附近的村子里突然下起"豆雨"来。数不清的黑豆从天而降，噼噼啪啪落了满地，有一家就捡了50多公斤。

19世纪，在法国里昂、英国、美国孟菲斯都下过"青蛙雨"。法国南部地中海沿岸的土伦地区，一天下午突然落了一场"蛙雨"。人们纷纷跑到露天去看热闹，只见一只只青蛙从天而降，人人拍手叫奇。谁知乐极生悲，青蛙虽小，从高处摔下来，好多人被打得头肿眼青，叫苦不迭。

1988年5月1日下午，河南桐柏县彭庄村刮起7级大风，雷雨交加，半小时后，发现小山坳里随雨落下黑褐色的小蟾蜍。最多的中心区，每平方米有90～110只蟾蜍。它们不断跳跃着走向附近池塘。

还有更奇怪的雨。1856年，美国肯塔基州上空曾洒下了成千上万枚编织毛线用的金属针，漫天飞舞，蔚为奇观；1816年，下过"箭雨"；1890年，俄国普克土拉省落了一次"布雨"；1940年，高尔基省巴甫洛夫区米西里村，突然降下几千枚银币，它是伊凡第五代的货币。

"鱼雨"也很多。1859年，英国格拉摩根郡下了一阵大雨，雨中夹杂许多小鱼。1949年，美国路易斯安那州马克斯维下过一次"鱼雨"，生物学家还亲自收集了一大瓶标本。加勒比海也常常下"鱼雨"。1974年，澳大利亚北部山区，也下了一场"鱼雨"，有15000多条鲈鱼随同暴雨一起降落。

19世纪初，在丹麦沿海落下一阵虾雨，足足有20分钟。1881年，英国乌斯特市在一场暴风雨中，落下了大量小螃蟹和玉黍螺。

形形色色的怪雨，它绝不是上天的恩施，而是由风暴导致的。科学的发展，逐渐揭开了怪雨的谜团。原来，这大多是旋风或龙卷风等耍的把戏。由于空气的急速流动，有时会形成强烈的旋涡。旋涡里空气稀薄，压力较小，对周围会产生很大的吸力。旋风、龙卷风所经过的地方，把东西卷上天空，然后降落下来。

龙卷风曾把摩洛哥的一个储满小麦的仓库劫走。小麦随着风暴越过直布罗陀海峡，在西班牙沿海落了下来。

金属针雨是肯塔基州的一家生产织针的工厂，在前一天被旋风吹毁，部分织针随风直上云霄。从天而降的银币，原来是离米西里村不远的地方，古时候贵族们在地下埋了许多银币。长年累月，地面被侵蚀，暴风雨把泥土冲走，龙卷风把银币卷向天空，以后又随着雨水纷纷落下来。

海上的鱼虾、河里的鲈鱼，也有龙卷风把它们卷上天空，吹到远方，造成"鱼雨"、"虾雨"等奇观。

片片银碟从天降

　　水汽像魔术师那样，变幻多端。夏季，乌云翻滚，突然下起雷阵雨来，或者冰雹从天降落。春秋季节，水汽在树叶、草丛和屋面上凝结成露珠和浓霜，冬春季节，雪花飘舞，或者大雾弥漫，露出原形。可是，太阳出来了，它们又变得无影无踪。

　　在寒冷的地方，飘雪的时候，雪有片雪、砂雪和面雪三种形态。在仲冬或隆冬，雪花相互碰撞，发出沙沙声，变成小而结实的砂雪；面雪细得像白面粉，随风乱舞。初冬和冬末，是飘悠悠的鹅毛大雪。

　　狂风乍起时，往往把地面积雪卷起，形成雪浪，一束束浪花在地面上汹涌着，汇合成一大片一大片的雪浪。英国曾下过一种奇怪的雪——雪碟。1887年冬天，当时气温高于0℃，相对湿度饱和，先前雪花不大，后来不断变大，直径从6.5厘米增大到9厘米。有人将采集到的雪碟，按每10个分为一组，称得每组的重量在1.1～1.4克之间，比普通的雪花重几百倍。美国西北部蒙大拿州一个山区的农场附近，下的雪碟更大，直径38厘米，厚20厘米。

　　1915年1月10日，德国柏林下的雪碟，直径10厘米左右，而且形状也同碟子相似，四周边缘朝上翘着。它从空中降落时，比周围其他小雪花快得多，也较小受风的影响。这种特大雪片，仿佛一只只白色银碟，从天而降。

　　最奇怪的是，夏天还下雪呢！1816年，西欧、北美6月下雪，积厚达16厘米，7～8月还是寒冷刺骨。当时的报导是：6月，屋里围着火炉取暖，路上行人穿起冬装。7月，湖水结冰。8月，各种蔬菜相继冻起。

　　莫斯科下过好多次"六月雪"。1947年6月4～5日，第一天，气温骤降，天上下着毛毛雨，下午以后，竟转成了片片雪花。一夜之间白雪覆盖了大地，缀满绿色的树木上。5日，莫斯科继续大雪纷飞。

1984年6月18日，我国青海省唐古拉山区，接连几日连降大雪，厚厚的积雪把许多山路封冻了起来。青藏公路上大约20千米长的一段路面上，大雪封路，有1000多辆运输汽车被围住，经过一个多星期的救援，才脱离险境。

◎ 与天奋斗 ◎

自几十万年前人类诞生以来，人类一直以自身弱小的力量与强大的自然力奋斗、抗争着，以求得基本的生存权力。

自几千年人类文明史以来，人类从原始积累的"识天"开始，发展到全球互联的天气监视网、卫星气象观测——在人类还无法彻底"改天换地"的世纪里，人类还在继续"与天奋斗"，努力改变着世界……

天气图和天气预报

1854年11月，英法联合舰队在克里米亚战争中因遭一次黑海强风暴的袭击，几乎全军覆没。当时，法国皇帝拿破仑三世命令当时的巴黎天文台台长罗别利埃进行调查，查清这次黑海风暴的来龙去脉。

罗别利埃接到任务后，立即向世界各国天文台和气象工作者发出求援信，要求提供1854年11月12日—16日的气象观测资料。他把收集的这些资料描绘在一张空白欧洲地图上。罗别利埃惊奇地发现：袭击英法联合舰队的那次黑海风暴，是从欧洲西北部移动过来的，并以一定的速度自西北向东南方向推进。从这张天气图上可以清楚地看出风暴通过了黑海。于是，他得出结论：如果事先有了这张天气图的话，那次可怕的黑海风暴是完全可以预报的，灾难是可以避免的。他专门写了一份报告，建议在国内设立气象观测网，尽量收集国外气象情报，把观测资料用电报的形式，迅速发到天气预报中心，制成天气图，用以追踪各种天气活动的踪迹。从此，天气图预报方法被广泛使用，一直沿用至今。

现在，气象台不仅拥有地面天气图，还有高空天气图；不仅有本国范围的，而且还有世界范围的。我国气象工作者使用这一张张相互联系、相互补充的天气图，就能对全国、亚洲以至整个北半球的天气作出预报。

天气图主要分地面和高空两种。天气图上密密麻麻地填满了各式各样的天气符号，这些符号都是根据各地传来的气象电码翻译后填写的。每一种符号代表一定的天气。有表示云状的符号，还有表示风向风速、云量及气压变化的符号。所有这些符号都按统一规定的格式填写在各自的地理位置上。这样，就可以把广大地区在同一时间观测到的气象要素如风、温度、湿度、气压、云以及阴、晴、雨、雪等统统填在一张天气图上，从而构成一张张代表不同时刻的天气图。

有了这些天气图，预报人员就可以进一步分析加工，并将分析结果用不同颜色的线条和符号表示出来。

　　地面天气图的分析内容包括：圈画出各地重要的天气现象（如降水、大风、雷暴等）的区域范围，画出冷锋、暖锋、准静止锋的所在位置，绘制全图等压线，标出低压、高压中心及强度。经过这一分析，就可从图中清晰地看出当时的气压形势：哪里是高压，哪里是低压，冷暖空气的交锋地带在哪里。

　　高空天气图上填写的气象要素是同一等压面上各点的高度，因而分析绘制的是相隔一定数值的等高线。等高线画好后，就能看出当时高空的气压形势：哪里是低压槽，哪里是高压脊。然后再画出等温线，标出冷暖中心。从冷暖中心与低压槽、高压脊的配置情况，预报人员就可对未来的气压形势作出大致的判断。

　　随着气象科学技术的发展，现在有些气象台已经使用气象雷达、气象卫星及电子计算机等先进的探测工具和预报手段来提高气象预报的水平，收到了显著的效果。

世界天气监视网

　　人类"与天奋斗"的主要措施是对天气的监测，在人类还无法"改天换地"的当代，这是防范"天变"的有效手段之一。

　　世界各地发生的许多大型天气过程，都是相互联系、相互影响的。例如影响我国及东亚地区的寒潮天气过程，它的冷源一直可以追溯到遥远的西伯利亚和北冰洋地区。因此，从60年代末开始，世界气象组织和国际科协理事会共同筹划了一个宏伟的计划，建立世界天气监视网，并于1978年开始实施。

　　世界天气监视网，就是在世界范围内有计划有目的地选择大量的气象观测点，在同一时刻进行观测。观测得到的数据，由指定的气象机构进行加工处理，然后以极快的速度传递给世界各地的气象部门，供各地天气预报或理论研究使用。

　　大多数国家和地区都参加了这个监视网。其中包括近万个气象站进行地面气象观测，5000个气象站进行高空气象观测，数千艘船只在大洋上进行观测。除使用常规的气象观测仪器外，还动用了飞机和卫星。

　　我国的北京气象中心是世界天气监视网中的亚洲区域中心之一，除定时发布各类天气预报外，还负责收集、传递全球和全国的气象情报，与有关国家进行业务交往。

诺曼人登陆冰岛

从苏格兰径直向北航行300公里，在北纬62°的海洋上有一个火山群岛——法罗群岛，8世纪末，爱尔兰人首先发现了这个群岛，根据文献记载，这些爱尔兰人曾在法罗岛西北的某个地方度夏，人们猜测，这个地方就是现在所说的冰岛。

第一次对冰岛进行实地考察的是诺曼人。诺曼人被称作北日耳曼部落，他们是日耳曼民族的一支。公元8—9世纪期间，他们主要居住在日德半岛，也就是丹麦群岛和斯堪的纳维亚半岛的南岸、西岸地区。诺曼人主要从事畜牧业和渔业。由于农业不发达，他们不得不驾船出海到欧洲的农业国家用毛皮、鱼类换取粮食和其他产品。

对发现冰岛做出重要贡献的是挪威的"海上之王"弗劳克。9世纪下半叶，弗劳克和他的军队控制着挪威的大片土地。但发誓完成统一大业的加拉尔德一世国王依靠农民进行了顽强的奋战，最终打败了弗劳克的联合力量。不愿接受国王统治的弗劳克带领亲兵及其家属逃离祖国。

这时，一批诺曼人的奇异经历吸引了弗劳克的注意。当时，有一批半渔半盗的航海者由于受到风暴袭击，被刮到一个面积为10.3万平方公里的大岛上。经过一个冬天以后，这些人回到挪威，极力赞美该岛的自然风光和茂密的森林。

于是，这位"海上之王"决心去寻找这个遥远的岛屿。据传说，当他离开法罗群岛向西北行驶了相当远的一段路程后，从船上放出一只渡鸟，这只渡鸟飞回船上；于是他又放出第二只渡鸟，这只渡鸟向西北飞去，弗劳克驾船尾随渡鸟一路驶去，最后来到一片陆地上。

弗劳克在这片陆地上度过了一个冬天。这是一个异常艰难的冬季，天空中时常飘着漫天白雪，岛上千里冰封，他们带来的牲畜无法适应寒冷的气候，纷纷死去。这样的情景令弗劳克沮丧万分，于是他把这里取名为冰岛。然而当冬季悄然过去，万物复苏的时候，弗劳克想象中的美丽景象出现了。不知道弗劳克是否为他这个岛屿起的名字感到懊悔，但不管怎样，冰岛这个名字一直延用至今。

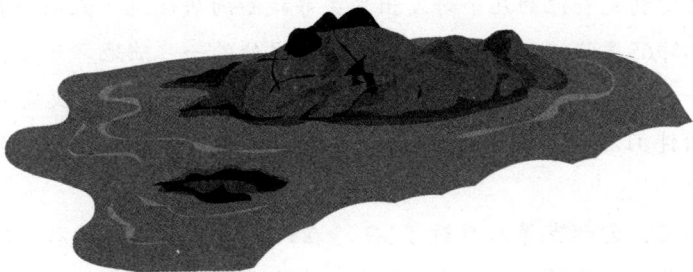

发现"绿色的土地"

公元920年左右，诺曼人贡比尧恩乘船前往冰岛，结果途中被风暴卷到了一片冰雪覆盖的高地。由于巨大的冰块阻拦，贡比尧恩没能在这里登陆。这个地方就是格陵兰。

60年后，一个叫爱利克·拉乌达的人却完成了发现格陵兰的功绩。爱利克长着一头火红的头发，这个性格暴烈的家伙由于杀人被驱逐出挪威，到冰岛居住。但他恶习不改，所以当地人再次驱逐了他。公元982年，走投无路的爱利克和他的几个好友出发去寻找新的居住地。他们一直向北航行，在北纬65度与66度之间，他们发现了远处的一片陆地。开始，他们和先行者一样，也遇到了大片冰块的阻隔。几次试图冲过冰块失败后，爱利克和同伴们沿西海岸绕行了650公里左右，终于在海角处的一个岛上登陆。

在那里，爱利克等人度过了3年。在此期间，爱利克对沿岸地区进行了认真的考察和研究。他所看到的是：在海岸边布满了岩石、小岛及光秃秃的悬岸断壁所组成的迷宫。数不尽的海湾蜿蜒在海岛与半岛之间，并深入这个地区的腹地。在这些海湾的高地一旁，离海湾约有50～60公里的地方，展现出一块平坦的陆地，这块陆地看起来适宜人居住。这地方可以较好地防御寒风的袭击。在夏季，这里绿草如茵，与四周冰天雪地的荒原相比，简直是天堂一般。爱利克给这个沿岸区取了一个很有诗意的名字："格陵兰"，意思是"绿色的土地"。

爱利克之所以给他发现的这片海岸取了一个如此动听的名字，用意是欺骗冰岛人，使他们移民到这片冰天雪地上来。其实，对于这个面积有200多万平方公里的岛屿来说，爱利克发现的绿色土地仅占15万平方公里大小，其他地方一年四季覆盖着皑皑冰雪，如果把它叫做"白色的大陆"可能更合适些。

不管怎么说，爱利克带着这个美好的名字和对格陵兰夸张的描绘回到了冰岛，凭着他的三寸不烂之舌，他招募了一支由25只船组成的船队，浩浩荡荡地驶向格陵兰。途中他们遇到了风暴，有几只船被毁坏，另外有几只船调头返回冰岛，但最终大部分船——有14只到达了格陵兰。这些船共带去500名移民，他们在爱利克的"绿色的土地"上定居下来。这样，格陵兰被发现并被开发了。

首次登上世界最高峰

在世界屋脊青藏高原上，耸立着世界上最高的珠穆朗玛峰。这座山峰傲然地屹立在中国和尼泊尔边境上，它那陡峭而被冰雪覆盖的山麓以及寒冷的高山气候，无疑使登山者们面临严峻的挑战。

首先试图攀登珠穆朗玛峰的是英国人。当时他们拥有得天独厚的条件：邻近喜马拉雅山的印度是英国的殖民地，而且英国拥有一批具有丰富经验的探险队。

为了研究的需要，英国人组织了军事人员所领导的喜马拉雅探险队，队里包括一些有经验的地形测量学家和地理学家。经过数十次攀登尝试和测算，初步的测量结果出来了。英国人在报告中得出结论：喜马拉雅山脉是由一系列高达七八千米的高峰组成的，其中位于北纬28度的第15峰是世界最高峰。对于实际高度，当时英国人的测算结果是8840米，后来的进一步研究推翻了英国人的测量结果。珠穆朗玛峰的海拔是8848.13米。

从20世纪上半叶开始，来自世界各地的探险队开始试图征服珠穆朗玛峰，但是直到1953年，英国的一支探险队才成功地登上了这座世界最高峰。在此之前，征服珠穆朗玛峰曾使人类付出了沉重的代价。1922年，一支英国探险队首次打破了8000米的高度，而为探险队服务的7名搬运夫和向导在雪崩中全部殉难。1924年，另一支探险队登上了8572米的高度，但探险队中的两名成员——英国人米洛利和埃尔文却在同一路线的同一高度双双遇难。

除了英国人之外，特别值得一提的是1952年一支由法国人和瑞士人组成的探险队，他们的成绩不仅在于他们登上了前所未有的高度——8600米，而且在于他们的成功为后来的征服者们提供了宝贵的经验：从南坡攀登珠穆朗玛峰比北坡要容易很多，原因是南坡相对于北坡更平缓一些，而且在8500米这样的高度也无需吸氧。地理探险的过程就是这样，这支探险队领导人拉姆贝尔这样说：每个探险队都是踏着先行者的足迹前进的。

1953年，激动人心的时刻到来了。年初，以约翰·汉特为首的一支英国探险队来到珠穆朗玛峰下，他们将在世界登山史和地理探险史上写下辉煌的一页。

在约翰·汉特的探险队里，有个叫滕辛格的人格外引人注目，他曾多次作过攀登珠穆朗玛峰的尝试，1953年的一次探险是他第12次攀登世界最高峰。对滕辛格和他的队友们来说，攀上8000米的高度已经不是什么困难的事。他们在7900米的山坡上安营扎寨，设立了一个主要基地，食品和装备源源不断地送到这个基地，接下来的任务就是怎样向8848米的高度冲击了。5月25日，第一组的托姆·布尔迪里耶和查尔斯·埃万斯登上了8748米的高度，尽管这个高度已经接近了顶峰，但接下来的每一步向上攀登都必须付出极大的努力，在精疲力尽的状态下，他们没能继续下去，而是丢盔卸甲，匆匆忙忙退回到基地。5月28日，汉特亲自出马，他率领包括滕辛格在内的5个队员登上了8500米的高度，然后稍事调整，在山坡上休息了一夜。5月29日，天刚放亮，滕辛格和另外一名队员希拉里开始向峰顶冲刺。这时，滕辛格丰富的经验和顽强的精神开始发挥作用。冒着寒冷的气候，踩着厚厚的积雪，他们一步一步地向顶峰迈进。中午11时30分，他们终于向世界最高顶峰迈进了最后一步，他们成功了。滕辛格和希拉里紧紧拥抱，就这样，经过一批批探险者们的努力，世界最高峰——珠穆朗玛峰被征服了。

约翰·汉特的英国探险队是从南坡登上珠峰的第一支登山队。不久，中国探险队从不易攀登的北坡登上了珠穆朗玛峰，队中包括一名女登山队员，她叫潘多。

今日"女娲补天"

女娲补天的神话是我国古代神话中最感人的神话之一。故事反映了古代劳动人民幻想依靠神的力量战胜自然灾害。

今天，人类依靠的则是现代科学技术力量。当前，天上臭氧层出了窟窿。为此，科学家们煞费苦心地研究各种对策，提出各种方案。这当中，首先想到的就是像女娲那样为天补漏。不过方法不同，不是熔炼五色石块去补，也不是砍巨龟的腿去支撑，而是利用臭氧释放机在空中释放臭氧来填补臭氧空洞。

要说臭氧发生装置，在自来水消毒等许多领域早有应用，但要在空中释放臭氧则需要用航天飞机。

我们知道，空气中的氧气在太阳光紫外线的作用下可以生成臭氧，而且臭氧本身就是这么形成的。根据这个道理，我们仍可让大气中的氧气变成臭氧，只是不能依靠太阳光中的紫外线，因为经过臭氧层的过滤，进入大气中的紫外线已经很微弱了。

科学家们提出在离地面25公里处，即在臭氧层的边上迎面对大气进行激光照射，因为激光能使可见光变成与紫外线起相同作用的光，于是就能使大气中的氧气变成臭氧补给臭氧。在各种航天器上安装上激光设备和太阳能电池，所需要能量由太阳能电池提供，这就构成一个臭氧释放机。这是俄罗斯航空机械制造研究所提出的一种最有效的办法。

◎ 还我蓝天 ◎

厚厚的大气层是生命的保护伞。空气到处都有，但我们要珍惜它！

"保护伞"正在被大气污染所破坏。我们需要空气，我们需要阳光，保护大气层就是保护地球上的生命，就是保护我们自己。

"生命保护伞"不容破坏

我们生活在大气的"海洋"里。

人人都需要呼吸空气。刚出生的婴儿呱呱坠地，"哇"的第一声哭就是为了呼吸第一口空气。

一个人可以5个星期不吃饭，5天不喝水，却不能5分钟不呼吸空气。

厚厚的大气层又是"生命的保护伞"。它挡住或吸收掉太阳的大部分紫外线和其他有害辐射，使地球上的生命免遭伤害，保护人和生物安然无恙。

大气层像一条棉被覆盖着地球，既削弱了白天太阳的直接辐射，又缓和了昼夜气温的差别。运动着的大气还能实现交换和调节，给地球上的生命创造一种冷暖适中的条件。

这样说来，空气实在是太重要了。

可是，实际上究竟有多少人真正认识到了这个最浅显的道理呢？食物来之不易，水也有短缺的时候，惟独空气到处都有，结果是谁也不稀罕它，很少有人觉得有必要关心它的痛痒。

表现之一，就是人们漫不经心地往大气环境中排放各种各样有毒有害的废物。结果是大气环境成了世界各国的公共"垃圾箱"，什么废气都往里排放，最后超过了大气环境所能调和的极限，对人类健康、农业、森林、生物、水源、建筑物，以及文物古迹、旅游景观等都产生了有害的影响。

这时候我们就说：大气受到了污染，大气"病"了。

城市居民燃烧煤炭等化石燃料产生的烟气，各类工矿企业排放的废气，汽车等机动车辆放出的尾气，都是大气污染物的主要来源。

大气污染物的种类很多，环境专家已经测出的有害人体健康的挥发性有机物就有260多种。其中5种污染物的影响范围最广，威胁最大，它们是

111

悬浮颗粒物、硫氧化合物、一氧化碳、二氧化碳和氮氧化合物。

大量排放污染物的结果，大气的成分越来越复杂。尽管同大气的主要成分氮、氧相比，污染物的浓度往往少得可怜，通常都在十万分之一以下，但是它们对环境造成的影响，特别是给人类健康和生物生长带来的危害，却是十分严重的。

你看，根据全球大气污染监测系统最近提供的数据：占世界城市人口差不多一半的居民（约9亿人），不得不在二氧化硫的浓度只能勉强接受或难以接受的大气条件下生活；有约60%的城市人口（共10亿多），生活在烟雾和灰尘等悬浮颗粒物浓度超过规定标准的环境中；大多数国家城市空气中一氧化碳的含量经常超过世界卫生组织规定的标准。

全世界每天有800人因呼吸受污染的空气而早亡，每年有300多万人死于主要由环境污染——包括大气污染引起的癌症。

大气污染也使农业大受其害：作物枯萎，粮食减产，家畜中毒，渔业衰落，土壤变质，森林死亡。

大气污染还使人们在经济上付出高昂代价。举个例子，在美国，仅仅为了消除大气烟尘所造成的污染，一年当中用于建筑物重新粉刷所需的费用就达1亿美元，洗涤纤维品的费用8亿美元，洗车费用2.4亿美元。想想看，这还是大气污染造成的间接损失，一个美国便这么多，全世界加在一起该有多少啊！

杀人的伦敦烟雾

1952年12月9日，英国伦敦为大雾所笼罩。平时，总是靠近地面的空气温度高，重量轻，热空气上升，冷空气下降，上下空气对流。可这天，冷空气沿着盆地的斜面进入伦敦，地面空气的温度比上面空气的温度还低，于是空气上下对流中止，整个城市一点儿风也没有。

工厂的大烟囱和千家万户的小烟囱不停地冒着烟，没有风，烟散不出去，结果是越积越多，使全城烟雾弥漫，充满呛人的煤烟味。有人不无夸张地形容当时的伦敦是"地狱般的阴森"，"火与冶炼之神的法庭"，"犹如西西里岛上冒着烟的埃特加火山"。

大雾持续了4天，混浊的空气叫人透不过气来。喉痛、胸闷使人感到异常难受，即使用手帕捂住鼻子也无济于事。伦敦的医院里住满了人，4天之中就死了4000人。在以后的两个月里，又陆续有8000人丧生。

这就是震惊世界的伦敦烟雾事件，也是有史以来第一次测定大气污染程度并记录环境污染灾害性影响的事件。

在伦敦烟雾事件中，"主犯"是大气中的悬浮颗粒物（颗粒大的叫降尘，颗粒小的叫飘尘），"帮凶"是二氧化硫气体，它们都是烧煤过程中产生的主要污染物。它们一起通过呼吸进入人体，联合起来向呼吸道进攻，引起支气管炎、肺炎、鼻炎、鼻咽炎以及肺气肿、肺心病等，同时还能诱发神经系统和心血管疾病，损害肝脏和肾脏。

大气中烟尘和二氧化硫的含量越高，呼吸道和心血管疾病的发病率和死亡率也越高。经现场测定，当时伦敦大气中烟尘和二氧化硫的含量浓度比平时分别高出10倍和6倍，这就难怪这次事件中会有那么多人被夺去生命了。随着石油工业的发展，后来人们又越来越多地用石油作燃料。

烧油比烧煤方便，而且发热量高，比较干净，不会产生很多粉尘。但是，石油跟煤一样含有硫，一经燃烧，同样会产生二氧化硫，并且还会比烧煤排放更多的一氧化碳、氮氧化合物和碳氢化合物。

洛杉矶是美国的第三大城市，早在20世纪40年代就已有250万辆汽车。由于这里一面临海，三面环山，空气流动不畅，所以汽车排出的大量尾气，就像盖子一样笼罩在城市的上空。

在强烈太阳紫外线的照射下，汽车排出的氮氧化合物和碳氢化合物等会发生一系列化学反应，生成一种由臭氧、醛类等组成的淡蓝色烟雾，被称为光化学烟雾。

1955年9月，严重的大气污染再加上气温偏高，洛杉矶烟雾的浓度达到了千万分之六点五，结果两天之内就有400多名65岁以上的老人死亡，相当于平时的3倍多。这就是有名的洛杉矶烟雾事件。

一般来说，光化学烟雾的浓度只要达到千万分之几，就能强烈地刺激眼睛、气管、肺部，使人感到眼痛、头昏、呼吸困难甚至昏倒。如果它同硫酸烟雾联合起来向我们进攻，那毒性和危害就更大。

光化学烟雾还会使禽畜和庄稼生病，橡胶制品老化，建筑物和机器受腐蚀。就在洛杉矶发生烟雾事件期间，生长在郊区的蔬菜全部由绿变褐，无人敢吃；水果和农作物减产，仅葡萄一项就少收30%；大批树木落叶发黄，几万公顷的森林1/4以上干枯而死。

不要以为这类烟雾事件只发生在四五十年代的伦敦和洛杉矶。随着工业生产的发展和汽车数量的增多，世界上许多大城市都发生过这类事件，而且现在情况还更加严重。

在希腊雅典，每年大约有40天的时间被致命的光化学烟雾所笼罩。1988年夏，烟雾加热浪夺走了800人的生命。

墨西哥城大气污染的严重状况令人震惊。呼吸道疾病成了这个城市居民死亡的主要原因。空气中过多的化学物质使人们日夜都感到眼睛和喉咙疼痛，市中心不得不设立街头氧气室以供行人吸用。

1990年，罗马尼亚的距布加勒斯特以北320公里的小科普沙市被列为世界上污染最严重的城市。到过那里的人说："一切景物都是黑的，到处都是灰、污染和烟。人们洗完脸后不到5分钟，皮肤马上就会粘满油污。吃饭必须很快，否则食物也会变脏。"

我国是一个以煤炭为主要能源的国家，大气中的绝大部分污染物是由烧煤产生的。全国每年排放的二氧化硫、颗粒物、二氧化碳非常多，是世界上废气排放量最多的国家之一。

联合国环境计划署和世界卫生组织1988年联合提出的一份报告中说，在全世界被调查的54个城市中，二氧化硫污染最严重的城市是沈阳、德黑兰、汉城和西安。颗粒物污染最严重的城市是德黑兰、西安和沈阳。

这就是说，沈阳、西安这两个集古代和现代文化于一身的世界著名大城市被列入全球大气污染最严重的大城市之列，难道我们还能掉以轻心吗？

空中死神——酸雨

1971年9月23日晚，十几个行人匆匆赶路，经过东京代代木车站附近时，天正下着濛濛细雨。真怪，这雨似乎跟平常的雨不同，飘进眼睛会感到刺痛，落到手臂上觉得好像被小虫"蜇"了一样。

这到底是怎么回事呢？

科学家忙碌起来了，他们又是采样化验，又是分析研究，终于发现，原来是这种雨水里含有某些刺激性物质，表现出明显的酸性，于是人们就把这种雨起名为"酸雨"。

其实，酸雨并不是日本的特产，也不是到20世纪70年代才有。早在19世纪中期，英国一位化学家就发现，曼彻斯特地区下的雨有时呈酸性，而且这种酸性同大气中越来越多的污染物有关。

问题提出来了，但没有引起人们的注意。

1926年，挪威淡水渔业观察者报道，新孵化的鲑鱼出现突然死亡的现象，与地面水的酸性有联系。进入20世纪50年代，瑞典气象学家又发现，北欧地区下的雨经常是酸性的。再进一步，美国的东北部工业区和加拿大的部分地区也出现了天降酸雨的现象。

正是在这种情况下，在1972年斯德哥尔摩召开的联合国人类环境会议上，瑞典代表第一个把酸雨作为一个国际性的环境问题提了出来。

但是，许多年过去了，现在酸雨污染日益严重，范围不断扩大，从北欧扩展到中欧、东欧，从北美扩展到南美，从亚洲扩展到非洲，不仅工业发达国家有酸雨问题，发展中国家也有。

调查研究证明，酸雨是随着大工业的兴起降临人间的。现在世界上很多地区降水的含酸量，要比100多年前未受污染的雨水的含酸量高许多，美国弗吉尼亚州惠林地区酸雨的酸度甚至远远超过了醋酸。

天上落下来的雨雪本来应该是中性的，即使溶解了一点二氧化碳，那酸性也很小，不会给我们带来什么危害。那么酸雨里的"酸"又是从哪儿来的呢？

酸雨也是大气污染的产物。它的形成过程比较复杂，各地区酸雨的组成和成因不尽相同。

一般来说，燃烧煤炭、石油生成的二氧化硫和氮氧化合物，在酸雨形成的过程中扮演了主要的角色。它们进入大气后，在阳光、水汽、飘尘的作用下，发生一系列的化学反应，生成硫酸、硝酸或硫酸盐、硝酸盐的微滴，飘落在空中。以后遇到降雨降雪，随着一起落下，就成为酸雨或酸雪。你想，这些酸都是强酸，一旦混进雨雪里，雨雪还能不酸吗？

酸雨会给我们造成很多的危害。

首当其冲的是湖泊和湖泊里的水生生物。

酸雨落进湖里，时间一久，湖水就会变酸，而且越来越酸。开始是某些浮游生物、软体动物消失不见，无脊椎动物大大减少，不少鱼类的卵不能孵化。然后是绝大多数的鱼类也都消失，微生物的活动受到影响，水质严重恶化。最后生机盎然的湖泊变成死水一潭。那些酸度很高的湖泊，看上去水体很洁净，简直像水晶一般透明，但实际上已经是个"死湖"，是个没有生命的"水中坟墓"。

酸雨会降低土壤肥效，破坏土壤结构，妨碍土壤中水分和空气的调节，甚至损害植物组织，影响光合作用，使大多数农作物减产。

森林更深受酸雨之苦。酸降落到"林海"里，树叶直接受害，林地养分丧失，有害有毒元素趁机作恶，林木生长变慢直至干枯死去。

德国人把酸雨称做"绿色的鼠疫"，因为在德国，至少有一半的森林受酸雨之害。德国人常自豪地称自己的国家为"黑森林王国"，可是由于酸雨肆虐，现在黑森林已变成了黄森林，墨绿的树叶泛黄脱落，好多树冠完全脱光，只剩下光秃秃的树了，在凄风苦雨中呻吟挣扎。

酸雨还会加速大部分建筑材料的侵蚀，严重破坏历史文物和古迹。

已有两千多年历史的雅典古城堡是希腊民族的象征和骄傲，几乎全部用洁白的大理石建成，在长年累月的侵蚀下，酸雨已使精美的浮雕、神像变得面容憔悴，污头垢面，斑驳模糊，完全失去了昔日的光彩。

酸性的雨水也使意大利威尼斯的古建筑和部分艺术珍品严重受损，使印度著名的泰姬陵出现剥落现象，使英国圣保罗教堂的石料被蚀3厘米。

联邦德国每年因各种纪念碑受腐蚀就要损失数百万马克。

凡此种种，使酸雨得到了一个很不好听的坏名称——"空中死神"。

大气中的污染物能在高空中到处游荡，盛行风帮它们"偷越国境"，"飘洋过海"，到达几百、几千公里远的其他国家，造成诸多国际纠纷。这就是说，酸雨这东西是可以成为"进口货"或"出口货"的，是一种"穿越国境的污染"。

地球在"发烧"

近年来，天气、气候经常出现异常，这种异常几乎已经成了当今人们普遍关心和议论的热门话题。

持续高温、低温，连年干旱、洪涝，诸如此类的气候异常的消息从世界各地不断传来，搞得不少人惶惶不安。他们问：全球气候究竟出了什么事？是不是地球"害病"了？

前联合国世界环境和发展委员会主席、挪威首相布伦特兰夫人的话代表了很大一部分科学家的看法，她说："我们的地球正在发烧!"

这种气候变暖是正常的还是反常的呢？

有些气象学家认为，目前影响气候变化的主要因素还是自然因素，地球每过一段时期有一次冷暖变化，现在可能正处在暖期，所以气候变暖是一种正常的处在自然变化范围内的现象。

但是多数科学家认为，尽管地球气候确实是冷暖波动的，可这次变暖比以往任何一次都热得更快更厉害。他们认为，主要是人类活动所造成的大气污染在影响着全球气候，温室气体的增多和温室效应的加强，是近百年来全球气候不正常变暖的主要原因。

现在我们就来说说什么是温室气体和温室效应。

北方冬季天寒地冻，草木凋零，可在密闭的玻璃温室内，小气候却温暖如春，照样生长着瓜果蔬菜和草木花卉。这是因为玻璃有一种特殊的本领，它能让太阳辐射畅通无阻地进入温室，加热室内的地面和空气，却不让室内的热辐射跑到外面去。这样一来，温室的热量收入多，支出少，温度自然就比室外高了。这就叫温室效应。

事实上，我们的地球就是一个大"温室"，地球周围的大气相当于温室的玻璃。大气能让大部分波长比较短的太阳辐射直达地面，加热大地使它的温度升高，同时又能吸收地面散发出来的波长比较长的热辐射，只让很少一部分热量散失到宇宙空间去，这样，事情如同普通温室一样，地球的表面会由于大气层的覆盖而变暖。科学家们说：如果地球赤裸裸地"一丝不挂"，没有一点大气，那么地球表面的平均温度（15℃左右）就要比现在低33℃，也就是只有-18℃，连海水都要结成冰了。

但是，大气不是一种单一的气体，它由多种气体混合组成。并不是每种气体都能产生温室效应，能够产生温室效应的是一些含量很小的气体，包括二氧化碳、甲烷、一氧化二氮等等，我们统称之为温室气体。

在众多的温室气体中，主角是二氧化碳。正是由于大气中二氧化碳的含量急剧增长，才使地球上的气候出现了明显的变暖现象。

首先是人们大量地开采和使用煤炭、石油、天然气等含碳的化石燃料，数不清的烟囱和数以亿计的机动车辆都在昼夜不停地喷吐着二氧化碳。有人估计，仅仅1988年一年时间里，人类活动就往大气中排放了280多亿吨二氧化碳。

其次是大规模的森林破坏。绿色植物是天然的大气"清洁工"，1公顷森林1小时能吸收8公斤二氧化碳。现在由于种种原因，森林面积正在以惊人的速度减少，陆地上二氧化碳的主要消耗者被大量地毁灭。

你看，一方面是产生的多，一方面是消耗的少，大气中的二氧化碳自然就不平衡了。它的含量越来越多，浓度越来越高。从1850年到1988年，大气中二氧化碳的浓度已增加了25%，而其中最近的25年中就增加了8%。

不用说，温室气体越多，温室效应越强，地球的气温也越高。20世纪80年代的平均气温要比19世纪的下半叶约高0.6℃。气象学家们预测，2025年全球平均气温将比现在的升高1℃，到21世纪的中叶将上升1.5～4.5℃。这就是说，今后几十年中，地球变暖的速率将是19个世纪的10～15倍！

结果如何？结果是我们的地球将变成一个被"烧焦了的行星"。

全球气温普遍升高，纬度越高的地区增温幅度越大，许多城市的夏季温度将超过38℃。

旱涝灾害频繁。低纬度的热带多雨地区洪涝威胁会更加严重，中纬度的炎热少雨地区旱灾将成为"家常便饭"，亚热带的农业将大面积减产。

尘暴有增无减，台风更加猛烈。

气候带将向南北两极推移，许多生物由于适应不了气候变化而被淘汰，生态平衡失调。森林覆盖率减少11%，沙漠面积扩大3%。

气候变暖还将给某些病原体及其传播媒介提供理想的繁殖条件，全球人口将有一半成为疟疾、血吸虫病、登革热等传染病的受害者。

不过，目前人们最担心的问题，还是由于气温升高，海水膨胀，冰雪融化而引起的海平面上升。过去100年中海平面已经上升了10～15厘米，今后到2030年将上升30厘米，100年后可能上升1米左右。

海平面上升会带来非常严重的后果：淹没沿海大片低地，使它们消失在白浪滔滔之中；许多岛国或岛屿，如马尔代夫、塞舌尔、巴哈马、基里巴斯、图瓦卢以及中途岛、比基尼岛、圣诞岛等，将部分甚至全部被海水吞没。海拔高度接近海平面或低于海平面的国家，如孟加拉国，六七十年后每逢雨季将有1／3的国土被淹没到3米多深的水下；所有沿海国家都会受到海水入侵的威胁，他们将为保护沿海城市和土地付出高昂的代价……

当然，中国也不例外。

是谁破坏了臭氧层

1985年5月，英国南极考察队的科学家首次报道，他们在南极上空发现了一个巨大的臭氧层"空洞"。所谓"洞"，倒不是说里面什么也没有，只是臭氧的含量比正常水平要少很多。

南极的臭氧洞是季节性的，每年春天出现，洞中的臭氧含量迅速减少40～50％，直到来年夏天才重新闭合。这个"洞"每年都在改变位置，面积在不断扩大。1988年，南极臭氧洞大到了吓人的程度，并向有人居住的南美大陆的南端逼近，面积有北美洲那么辽阔，深度相当于珠穆朗玛峰的高度。科学家们说，如果再不采取措施制止情况进一步恶化，南极臭氧洞恐怕就再也封闭不起来了。

1987年，联邦德国的科学家发现在北极上空也有类似的臭氧洞。

两极臭氧洞的发现震动全世界，引起社会公众的广泛关注。不久人们就得知，不仅南北极，全球各处都出现了臭氧层被破坏的现象。

臭氧和臭氧层是什么呢？为什么人们对它被破坏那么关注？有人担心会由此而招来灾难，这是毫无根据的"杞人忧天"吗？

前面已经说过，大气是由许多气体组成的。这些气体中的一种就是臭氧。臭氧由氧气变来，氧气在紫外线的照射下，会吸收其能量而分解成两个氧原子，氧原子再和氧分子结合就生成臭氧，所以臭氧也可以说是每个分子中含有3个氧原子的氧气。

这样的一系列变化大都发生在离地面15～50公里的平流层里，这里集中了大气层中90％的臭氧。尤其在离地面20～25公里的范围内，形成了一层臭氧浓度最大的臭氧层。

臭氧在大气中的含量很少，但它所起的作用很大。

要知道，太阳不仅发出可见光，而且发射大量的紫外线，有些紫外线对生物体有强烈的杀伤作用，如果让它们畅通无阻地到达地面，那就糟了，地球上的生命将会被它们扫荡干净。

是谁防止了这场悲剧的发生？主要是臭氧！臭氧具有强烈的吸收紫外线的本领，经过臭氧层的"拦截"，到达地面的有害紫外线已所剩无几。臭氧层于是成了地球上生命的天然屏障，有人十分贴切地称它为"生命之伞"。

按照科学家的说法，原始生命诞生在海洋里，以后直到大气层中逐步形成了臭氧层，生命才得以离开海洋，开始浩浩荡荡地向陆地进军。

可是，经过亿万年的漫长岁月才形成的臭氧层，如今却正遭到人类活动的破坏。

现在绝大多数科学家认为，破坏臭氧层的"元凶"是由人类活动排放到大气里去的氯氟烃。

氯氟烃是由人工制造出来的一类含碳、氟、氯等元素的有机化合物，品种很多，在致冷剂、喷雾剂、发泡剂、清洗剂等方面得到了广泛的应用。从冰箱、空调机、汽车到硬质薄膜、软垫家具，从计算机到灭火器，从工业生产到家庭生活，许多场合都要用到氯氟烃。现在，全世界氯氟烃的年产量已超过百万吨。

在使用过程中，氯氟烃免不了会排放到大气中。由于它的化学性质稳定，可以在大气中长期存在，所以能够通过对流进入大气平流层。

进入平流层的氯氟烃分子，在强烈紫外线的照射下。会裂解生成游离的氯原子。氯原子非常活泼，在它的参与下，一个臭氧分子和一个氧原子可以变成两个氧分子，而氯原子却依然如故，只是起到了"催化"的作用。这样。一个氯原子就大约能破坏掉10万个臭氧分子。

除了氯氟烃这个"主犯"外，还有一些破坏臭氧层的"从犯"，这里不再一一介绍。

有人可能会说，现在臭氧层中的臭氧总共不过减少了百分之几，这算得了什么呢？

可别小看这百分之几！臭氧层本来就很薄，浓度也很稀，一旦遭到了破坏，或者在"保护伞"上开了个"天窗"，或者使"天然屏障"变得更加稀薄，结果就会有更多的有害紫外线到达地面，给我们人类和地球上的其他生物带来严重威胁。

过量而长久的紫外线照射，会影响植物的光合作用，使农作物受到伤害，有的质量变坏，有的产量下降。科学家们说，由于臭氧的减少和温室效应的增强，世界上将有1/4的植物物种灭绝，1%的农作物得不到收成。

小不点儿的微生物和水生生物对紫外线辐射最敏感，紫外线能对20米深水体范围内的浮游生物、鱼虾幼体、贝类等造成危害。而大量浮游生物的死亡，又会使海洋里那些靠吃浮游生物过活的鲸、海狮、鱼虾以及其他海洋生物难以为生，这样就破坏了海洋水域的生态平衡。

人们尤其关心紫外线对人体健康的影响。

过量的太阳紫外线照到人体上，首先会损伤人的皮肤，使人面容憔悴，出现晒斑，加速衰老，并有害于人的呼吸系统。

紫外线会抑制人体免疫功能，造成免疫系统失调，降低抗病能力，使艾滋病、疱疹、麻风病等传染病得以加速传播。

最大的危险是皮肤癌和白内障的增多。

1991年底，由于南极臭氧洞的出现，智利最南部的城市发现许多羊有短暂失去视觉的现象。学校老师也报告说，当地小学生有皮肤过敏和不寻常的阳光烧伤。

目前全世界每年死于皮肤癌的患者大约有10万人，患白内障的人更多。科学家说，臭氧层的臭氧含量每减少1%，太阳紫外线的辐射量就会增加2%，皮肤癌的发病率将增加5～7%，白内障患者将增加0.2～0.6%。

联合国环境规划署提出警告：如果臭氧层继续按照目前的速度减少变薄，那么到2000年，全世界皮肤癌患者的比例将增加26%，达到30万人；如果下世纪初臭氧再减少10%，那么全世界每年患白内障的人有可能达到160万到175万人。

看到这里，你不觉得有点触目惊心吗？

有人说，当"生命之伞"里的臭氧减少到只剩下1/5时，我们的地球就"死到临头"了。于是，时代呼唤着"补天"的"女娲"，这"女娲"就是"依靠科学自救"的人类本身。

蓝天何处寻

古代诗人写天，"江天一色无纤尘"；近代作家写天，"蔚蓝色的天空，一尘不染，晶莹透明"。

可惜我们现在很少能见到这样美丽的"天"了。尤其在城市里或工业区，终日乌烟瘴气，阴霾绵绵。

"还我蓝天"最重要的是要减少污染物的排放量。

烟尘主要是由煤炭、石油的不完全燃烧产生的。改造燃烧设备，改进燃烧方法，使燃料充分燃烧，就能大大减少烟尘的生成量。

尽量不要烧散煤，要烧蜂窝煤等煤型。再进一步是发展煤的气化、液化，把固体的煤变成干净的气体、液体燃料，这样会使烧煤的污染状况得到极大的改善。

燃烧产生污染物的情况还同燃料的成分有关系。燃料里含有很多的灰和硫，燃烧时就会产生大量的烟尘和二氧化硫。如果通过选洗加工，把燃料里的灰和硫尽可能除去，就能大大减轻大气烟尘和二氧化硫的污染。

对于固体的颗粒污染物，可以使用各种类型的除尘器把它们捕集起来，不让它们跑到大气里去为非作歹。高性能的除尘器，可以把排气中百分之八九十以上的颗粒物"抓"住。

清除气体污染物的办法也多，包括吸收法、催化法、吸附法、冷凝法等等。比如使用一种新型的空气洗涤器，能够同时回收二氧化硫和氧化氮气体，然后通过一系列的化学反应和物理过程，把它们做成化学肥料、化工产品以至建筑材料，可谓化害为利，一举两得。

即使是跑到大气中去的污染物，也要设法减轻它们的危害。在这方面，绿色植物能帮我们很大的忙。

城市之所以要绿化，不仅是因为绿色能把城市装点得更美，还因为它们是减轻污染、保护环境的能手。它们能拦截、过滤、吸附、粘着尘埃，能吸收多种有毒有害的物质，甚至还能杀死某些有害微生物。

难怪人们会把树木称誉为"城市的肺脏"。为了美化环境，调节气温，净化空气，减轻污染，我们应该在城市里栽种更多的花草树木，开辟更多的公园和林荫大道。

气候变暖是一个全球性问题，人人都生活在地球这个大"温室"之中，它已引起从政府首脑到普通老百姓的普遍关注。

制止温室效应首先应该控制温室气体，特别是二氧化碳气体的增长。

绝大多数的二氧化碳是由燃烧含碳的化石燃料引起的。不过，同样是化石燃料，产生二氧化碳的数量可不同，燃烧石油要比燃烧天然气多，燃烧煤炭又要比燃烧石油多，这就是说，从制止全球变暖的角度来看，应该尽量使用天然气作燃料。

节约能源，提高能源利用率，就等于少消耗燃料，少产生二氧化碳。比方说，取消一家一户的小烟囱，采用集中供热就可以节约大量的燃料，而实行供电、供热的联合生产，又可以比单独的供热厂和发电厂节省燃料和减少二氧化碳的排放量。

生活能源消耗低的产品和可以多次回收利用的产品也很有意义。只要重复使用一个饮料罐头筒，就相当于节约了半罐头筒汽油。世界各国二次利用铝的数量如果在现在的基础上提高一倍，一年就可以减少排入大气的污染物约100万吨。

全世界约有4亿多辆汽车，每年大约要排放18.3亿吨二氧化碳。除了限制汽车数目，节约燃料消耗，安装净化装置，还要试用甲醇、乙醇等比较干净的燃料，发展公共交通工具和电动汽车。

减少二氧化碳和其他污染物的排放是一方面，另一方面还要加强对它们的吸收。

每一棵树都是一个吸收二氧化碳和制造氧气的"绿色工厂"。当务之急是制止对森林的乱砍滥伐，同时提倡植树造林。科学家们把营造速生林看成是减缓全球气候变暖的最简单的办法，是对付自然报复行为的有效手段。

减轻大气污染最根本的出路，应该是开发利用那些干净清洁的新能源。

比如，核能发电就比烧煤、烧油发电清洁卫生，太阳能、风能、生物质能、地热等储量丰富，可以再生，不会或很少产生有毒有害的气体和其他污染物，大有发展前途。

既然破坏臭氧层的"主犯"是氯氟烃，而且它又是人工制造出来的，那么今后大家都不用氯氟烃，而发明另一类更好的产品来代替它，问题不就解决了吗？

然而，现在还没有找到合适的代用品。旧的一套需要放弃，新的一套需要建立，这会造成很大的经济损失，这会影响很多国家和企业的利益，因而使他们在做出决定时犹豫不决，踌躇不前。

1992年1月，联合国环境会议决定在1995年底逐步停止生产破坏臭氧层的"罪魁祸首"含氯氟烃物质。

要知道，自从60年前美国杜邦公司开始在市上销售一种叫做氟里昂的致冷剂以来，人类活动已经往大气中排放了上千万吨氯氟烃。

氯氟烃一旦进入大气，它就会慢慢地上升，大约要花10年时间才能来到平流层的顶部，并开始侵蚀臭氧层。氯氟烃的寿命是50～100年，已经排放到大气中去的150万吨氯氟烃，至今只是一小部分对臭氧层发生了破坏作用，其余大部分还没有来得及开始行动！

因此，就算是从现在起立即停止使用氯氟烃，平流层中氯的浓度还将继续增加，臭氧层仍然会继续遭到破坏。至于要完全恢复到正常自然水平，那起码需要一个世纪的时间！

大气污染是人类活动造成的，最后还得由人类自己来解决。只是时间不等人，我们最好从现在起就坚决行动，采取措施，净化大气，还我蓝天！

◎ 专家谈天 ◎

所谓自然地理，一方面包括地貌、水文、气候和土壤，另一方面包括动物、植物、微生物等自然分布现象。这些自然因素是互相关联、互相制约、互相推动着的。

——竺可桢

气象学家竺可桢与气象

沈文雄

1984年2月召开的竺可桢逝世10周年纪念会上，中国科学院院长卢嘉锡院士称颂竺可桢是我国近代科学家、教育家的一面旗帜，气象学界、地理学界的一代宗师，献身共产主义事业的一名忠诚战士。

建国以后，竺可桢参与领导中国科学院，努力使新中国的科技工作为社会主义事业服务。为了黄河的彻底治理。他曾从河口一直到上游，参加全线的科学考察。他号召科技工作者向沙漠进军，了解沙漠规律，抵御沙漠的灾害；水利是农业的命脉，他要求加快开展融冰化雪的科研工作，了解在干旱地区增辟水源的可能性，以满足农业生产发展的需要；他提倡在全国范围内，大面积地对自然资源和自然条件进行综合考察，通过综合研究，在了解自然规律的基础上，充分合理地利用各项自然资源，为工农业建设服务。

1926年，竺可桢在《科学》杂志发表《论祈雨禁屠与旱灾》，公开批评政府不重视科学，提倡迷信，不利于国计民生，有害于民族振兴。他在文中指出："且我国号称共和，则上自总统，下讫知事，应对人民负责。旱潦灾荒，须备患于未形，植森林，兴水利，广设气象台。不此之图，而唯以祈雨为能事，则虽诚悫如张士逊，夫亦何补哉？"这段文字出现在20世纪20年代，距今已有90余年。

竺可桢在学术研究上之所以能取得众口皆碑的成就，和他几十年如一日勤奋好学密切相关。他研究气候变化，从20世纪20年代发表第一篇论文起，一直致力于搜集各种新材料，进行逐步深入的研究，直到20世纪70年代正式发表《中国近五千年来气候变迁的初步研究》，前后长达近50年。

竺可桢自我评价说："这篇文章，我自己估价也是尽了毕生之力，积累了三四十年的深思，而写出来的。"

竺可桢从青年时代起，就养成了每日观测物候，记录气象要素的习惯。从现在保存下来的1936年开始的日记来看，他每天将他自行观测所得的气温、风力、云量等和可见的物候现象（例如花开、鸟鸣等）统统记在日记的上首，无一例外，直到他临终前一天。这些记录，一日两日，一月两月，看不到它们的学术价值，但长年积累，经过纵向、横向比较，就可以得出两地差异和一个地方气候变化的结论。久而久之，就可以得到一些规律性的认识。竺可桢在《物候学》一书中提到南方和北方、我国东部和西部、山地和平原，以及古代与今日物候变化的规律，就是参照他长年积累的物候观察资料加以抽象提炼而成的。观察物候，本来并不难，问题是要几十年如一日坚持下来，而且要精心地留意、捕捉自然界特定的生物现象，没有顽强的事业心是很难做到的。

竺可桢不同于其他实验科学家，例如物理学家、化学家等，在实验室内通过各种实验手段来模拟或探索自然现象的奥秘。他是以广袤的大自然作为自己的实验室。在1966年以前，竺可桢每年都要到野外去实地考察若干次。建国以后，他的足迹几乎走遍了除西藏和台湾以外的神州大地，并将考察所得择要载入日记。1958年8月到9月，他在新疆逗留了近一个月，不但穿越了戈壁与沙漠，也到了绿州实地考察农业生产的发展可能。当他通过天山，停留在赛里木湖畔时，他以地理学家敏锐的眼光，注意到湖的四周山上未见积雪。以后他查考到南宋时代丘处机曾于10月经过赛里木湖，根据丘处机的记载，当时是"雪峰环之，倒影湖中"。于是他推导出中国在十二三世纪时气候比现代为冷，把赛里木湖四周未见积雪当作为判断的根据之一。

竺可桢凡外出旅行，无论是乘火车或搭飞机，必定对时空分布作出记录。例如，他曾几次坐火车从北京到广州，诸如什么时候车到保定，北京到保定距离多少，列车外的保定是麦苗返青还是即将开镰收割，都一一记录在案。他依靠这种行车记录来推断火车行驶速度和物候变迁，亦即人文和自然情况的变异。他在乘飞机时，也要对飞行高度，经过城市或其他地物景观的时间，以及地面物候情况一一记录。1964年10月，他自兰州飞回北京，乘坐的是一般运输机，他谢绝了乘务员为他在前舱铺垫了羊毛毯的舒适座位，却要求在机舱尾部找一个座位，以得到比较辽阔的视野。他在这次旅行中比较了兰州、西安、太原、北京四地的树木落叶情况，只有西安树叶尚绿，查证了四地的气温记录，以西安为最高。

一个人的知识来源，除了来自亲身实践和书本以外，向他人学习也是重要途径。竺可桢是个善于向他人学习、不断吸取新鲜知识的学者。他不耻下问，并且融通、吸收他人考察所得，来丰富和完善自己的研究结论。在组织领导自然资源综合考察期间，他经常召开各种专题报告会和工作汇报会，对各个专业考察所得和青年科技工作者汇报的情况，他都一一记录在随身携带的笔记本里，重要的还转录在当日日记里。靠着这种积累，他的学术视野更为辽阔，更切合实际。例如，他晚年所著《论我国气候的几个特点及其与粮食作物生产的关系》，深入分析了我国气候的有利条件，广泛引证了我国各地农业生产现状，其中一些数据是他亲自考察的结果，更多的则来自各考察队在野外调查所得。学术界评论竺可桢学术著作"博大精深"，其中重要原因之一就是他在这方面的积累。

竺可桢读书兴趣很广泛，尤其坚持阅读英国的《自然》和美国《科学》两本国际上享有盛誉的综合性科学杂志，藉以了解国际科学发展前沿和动态。

除了自己从事研究的领域以外，有关哲学、历史、文艺理论以及工作、生活中涉及的问题，他都要从书本中去寻找答案。

竺可桢坚持亲自实践，坚持取得第一手资料来作为判断是非的标准。在他的寓所院内，种有丁香树，并在篱笆上栽上了金银花。有一段时期，金银花叶面上蚜虫繁殖很快，他就根据在有关书籍上查得的资料，喷以一定浓度的DDT乳剂，过四五小时以后，观察蚜虫残存情况，然后再调整药液浓度，过三天后再喷洒农药。竺可桢在晚年，利用清扫院落的机会，将自己亲自或者邻居扫集起来的尘埃和黄土过秤，在239平方米的院子里竟得尘土400克左右。经换算，在2公顷面积上落下的尘土可达1000千克左右。他以力所能及取得的第一手资料来判定，由于植被的稀少，尘土四起，已导致北京的生态环境逐渐变得不利于持续发展。

他是中国现代气象事业创始人。他于1928年担任前中央研究院气象研究所所长后，在他直接领导下，这个研究机构对我国气象事业的发展做出了举足轻重的贡献，在国内外享有盛誉。建国以后，在确定中国科学院组建方案时，各方面舆论认为气象研究所应该作为独立建制保留下来，何况当时竺可桢正在具体负责研究机构调整工作，即便有某种理由，不便单独建所，也应该考虑到竺可桢苦心经营这个研究所的历史过程，予以独立成所。但是，竺可桢考虑到当时中国科学院的规模还有限制，与气象研究领域相近的有关学科如地磁、地震等亟待发展，他明确表示，大气物理学应该进一步发展，但在当时条件下，可以先作为地球物理所内的一个研究室，以后再视情况发展进行机构调整。事实上，他对我国气象事业的发展继续倾注了大量的心血。在他的建议下，他的两位高足涂长望和赵九章分别担任中央气象局局长和中国科学院地球物理研究所所长。在他的影响和涂、赵共同努力下，当时中央气象局和中国科学院地球物理研究所各自发挥优势，紧密协作，气象预报业务取得了显著成绩。气象研究直到1966年才升格为中国科学院大气物理研究所。

竺可桢是一位久享盛誉的科学家，却又是一个平凡的中国人。

时代需要更多的竺可桢。

考古时期的气候

竺可桢

　　西安附近的半坡村是一个最熟知的遗址。根据1963年出版的报告，在1954年秋到1957年夏之间，中国科学院考古研究所在这个遗址上，进行了五个季节的发掘。大约发掘了10000平方米的面积，发现了40多个房屋遗址，200多个贮藏窖，250个左右的墓葬，近10000件的各种人工制造物。根据研究，农业在半坡的人民生活中显然起着主要作用。种植的作物中有小米，可能有些蔬菜；虽然也养猪狗，但打猎捕鱼仍然是重要的。由动物骨骼遗迹表明，在猎获的野兽中有獐（又名河鹿）和竹鼠……书中认为，这个遗址是属于仰韶文化（用14C同位素测定为5600～6080年前）；并假定说，因为水獐和竹鼠是亚热带动物，而现在西安地区已经不存在这类动物，推断当时的气候必然比现在温暖潮湿。

　　在河南省黄河以北的安阳，另有一个熟知的古代遗址——殷墟。它是殷代（约公元前1400—1100年）故都。那里有丰富的亚化石动物。杨钟健和德日进（P.Teihar de chardin）曾加以研究，其结果发表于前北京地质调查所报告之中。这里除了如同半坡遗址发现大量的水獐和竹鼠外，还有貘、水牛和野猪。这就使德日进虽然对于历史时代气候变化问题自称为保守的作者，也承认有些微小的气候变化了。因为许多动物现在只见于热带和亚热带。

　　然而对于气候变化更直接的证据是来自殷代具有很多求雨刻文的甲骨文上。在二十多年前胡厚宣曾研究过这些甲骨文，发现了下列事实：在殷代时期，中国人虽然使用阴历，但已知道加上一个闰月（称为第十三个月）来保持正确的季节；因而一年的第一个月是现在的阳历的1月或2月的上半月。在殷墟发现十万多件甲骨，其中有数千件是与求雨或求雪有关的。在能确定日期的甲骨中，有137件是求雨雪的，有14件是记载降雨的。这些记载分散于全年，但最频繁的是在一年的非常需要雨雪的前五个月。在这段时间内降雪很少见。当时安阳人种稻，在第二个月或第三个月，即阳历3月份开始下种，比现在安阳下种要到4月中，大约早一个月。论文又指出，在武丁时代（约公元前1324—1365年）的一个甲骨上的刻文说，打猎时获得一象。表明在殷墟发现的亚化石象必定是土产的，不是像德日进所主张的，认为都是从南方引进来的。河南省原来称为豫州，"豫"字就是一个人牵了大象的标志。这是有其含义的。

一个地方的气候变化，一定要影响植物种类和动物种类，只是植物结构比较脆弱，所以较难保存；但另一方面，植物不像动物能移动，因而作气候变化的标志或比动物化石更为有效。对于半坡地层进行过孢子花粉分析，因花粉和孢子并不很多，故对于当时的温冷情况，不能有正面的结果，只能推断当时同现在无大区别，气候是半干燥的。1930—1931年，在山东历城县两城镇（北纬35°25′、东经119°25′）发掘龙山文化遗址。在一个灰坑中找到一块炭化的竹节，有些陶器器形的外表也似竹节（龙山灰坑中发现一块炭化竹节，系根据当时参加遗址发掘的尹达同志的转达。龙山文化出土的一部分陶器器形似竹节，系夏鼐同志面告。）。这说明在新石器时代晚期，竹类的分布在黄河流域是直到东部沿海地区的。

从上述事实，我们可以假设，自五千年前的仰韶文化以来，竹类分布的北限大约向南后退纬度1°—3°。如果检查黄河下游和长江下游各地的月平均温度及平均温度，可以看出正月的平均温度减低3—5℃，年平均温度大约减低2℃。某些历史学家认为，黄河流域当时近于热带气候，虽未免言之过甚，但在安阳这样的地方，正月平均温度减低3—5℃，一定使冬季的冰雪总量有很大的不同，并使人们很容易觉察。那些相信冰川时期之后气候不变的人是违反辩证法原则的；实际上，历史时期的气候变化和地质时期的气候变化是一样的，只是幅度较小而已。现代的温度和最近的冰川时期，即大约一二万年以前时代相比，年平均温度要温暖到摄氏七八度之多，而历史时期年平均温度的变化至多也不过二三度而已。气候过去在变，现在也在变，将来也要变。近五千年期间，可以说仰韶和殷墟时代是中国的温和气候时代，当时西安和安阳地区有十分丰富的亚热带植物种类和动物种类。不过气候变化的详细情形，尚待更多的发现来证实。

物候时期的气候

竺可桢

没有观测仪器以前，人们要知道一年中寒来暑往，就用人目来看降霜下雪，河开河冻，树木抽芽发叶、开花结果，候鸟春来秋往，等等，这就叫物候。我国劳动人民，因为农业上的需要，早在周初，即公元前11世纪时便开创了这种观测。如《夏小正》、《礼记·月令》均载有从前物候观察的结果。积三千年来的经验，材料极为丰富，为世界任何国家所不能企及。

随着周朝建立（公元前1046-前256年），国都设在西安附近的镐京，就来到物候时期。当时官方文件先铭于青铜，后写于竹简。中国的许多方块字，用会意象形来表示，在那时已形成。由这些形成的字，可以想象到当时竹类在人民日常生活中曾起了如何的显著作用。方块字中如衣服、帽子、器皿、书籍、家具、运动资料、建筑部分以及乐器等名称，都以"竹"为头，表示这些东西最初都是用竹子做成的。因此，我们可以假设在周朝初期气候温暖可使竹类在黄河流域广泛生长，而现在不行了。

气候温和由中国最早的物候观测也可以证实。新石器时期以来，当时住居在黄河流域的各民族都从事农业和畜牧业。对于他们，季节的运行是头等重要的事。当时的劳动人民已经认识到一年的两个"分点"（春分和秋季）和两个"至"点（夏至和冬至），但不知道一个太阳年的年里确有多少天。所以，急欲求得办法，能把春分固定下来，作为农业操作的开始日期。商周人民观察春初薄暮出现的二十八宿中的心宿二，即红色的大火星来固定春分（《左传》襄公九年"晋侯问于士弱曰：'吾闻之，宋灾，于是乎知有天道，何故？'对曰：'古之火正，或食于心，或食于昧以出内火，是故昧为鹑火，心为大火。陶唐氏之火正阏伯居商丘，祀大火，而火纪时焉。相土因之，故商主大火。'"见《春秋左传正义》）。别的小国也有用别的办法来定春分的。如在山东省近海地方的郯国人民，每年观测家燕的最初来到以测定春分的到来。《左传》提到郯国国君到鲁国时对鲁昭公说，他的祖先少皞在夏、殷时代，以鸟类的名称给官员定名，称玄鸟为"分"点之主，以示尊重家燕（《左传》昭公十七年"秋，郯子来朝，公与之宴。昭子问焉，曰：'少皞氏鸟官名，何故也？'郯子曰：'吾祖也。……我高祖少皞挚之立也，凤鸟适至，故纪于鸟，为鸟师而鸟名。凤鸟氏，历正也；玄鸟氏，司分者也；伯赵氏，司至者也。'"见《春秋左传正义》）。这种说法表明，在三四千年前、家燕正规地在春季时节来到郯国，郯国以此作为农业开始的先兆。我们现在有物候观察网，除作其他观察外，也注意家燕的来去。根据近年来的物候观测，家燕近春分时节正到上海，10天至12天之后到山东省泰安等地。据E. 威尔金森在他的《上海鸟类》一书中写道："家燕在3月22日来到长江下游、上海一带，每年如此。"显然三四千年前家燕于春分已到郯国，而现在春分那天家燕还只能到上海了。把这两个地点的同一时期（1932—1937年）温度比较一下看一看它们有多少差别，那是有意义的。

周朝的气候，虽然最初温暖，但不久就恶化了。《竹书纪年》上记载周孝王时，长江一个大支流汉水，有两次结冰，发生于公元前903和公元前897年。《竹书纪年》又提到结冰之后，紧接着就是大旱。这就表示公元前十世纪时期比较寒冷，《诗经》也可证实这点。相传《诗经·豳风》是周初成王时代（公元前1063—1027年）的作品，可能在成王后不久写成。豳（邠）的地点据说是一个离西安不远、海拔500米高的地区。当时一年中的重要物候事件，我们可以从《豳风》中的下列诗句中看出来：

八月剥枣，十月获稻，

为此春酒，以介眉寿。

接着又说：

二之日凿冰冲冲，

三之日纳于凌阴，

四之日其蚤，

献羔祭韭，

九月肃霜。

这些诗句，可以作为周朝早期，即公元前十世纪和十一世纪时代邠地的物候日历。如果我们把《豳风》里的物候和《诗经》其他国风的物候如《召南》或《卫风》里的物候比较一下，就会觉得邠地的严寒。《国风·召南》诗云："摽有梅，顷筐塈之。"《卫风》诗云："瞻彼淇奥，绿竹猗猗。"梅和竹均是亚热带植物，足证当时气候之和暖，与《豳风》物候大不相同。这个冷暖差别一部分是由于邠地海拔高的缘故，另一方面是由于周初时期如《竹书纪年》所记载过有一个时期的寒冷，而《豳风》所记正值这寒冷时期的物候。在此连带说一下，周初的阴历是以现今阳历的12月为岁首的，所以《豳风》的八月等于阳历9月，其余类推（有人以为"周正建子"应与今日阳历相差两个月。但"周正建子"不过是传统的说法。据《豳风》"七月流火"，大火星的位置加以岁差计算，和春秋时日蚀的推算，可以决定周初到春秋初期的历是建丑，而不是建子。参看宋王应麟《困学纪闻》下册，第533—534页，1937年，世界书局版）。

周朝早期的寒冷情况没有延长多久，大约只一二个世纪，到了春秋时期（公元前770—前481年）又和暖了。《春秋》往往提到，山东鲁国过冬，冰房得不到冰；在公元前698、前590和前545年时尤其如此（《春秋》，桓公十四年"春正月无冰"；鲁成公元年"春二月无冰"；鲁襄公二十八年"春无冰"）。此外，像竹子、梅树这样的亚热带植物，在《左传》和《诗经》中常常提到。

宋朝（公元960—1279年），梅树为全国人民所珍视，称梅为花中之魁，中国诗人普遍吟咏。事实上，唐朝以后，华北地区梅就看不见。可是，在周朝中期，黄河流域下游是无处不有的，单在《诗经》中就有五次提过梅。在《秦风》中有"终南何有？有条有梅"的诗句。终南山位于西安之南，现在无论野生的或栽培的，都无梅树（根据陕西武功西北农学院辛树帜等同志的调查。关于本文中西安武功一带物候材料，全系西北农学同志所供给，特此致谢）。宋代以来，华北梅树就不存在了。在商周时期，梅树果实"梅子"是日用必需品，像盐一样重要，用它来调和饮食，使之适口（因当时不知有醋）。《书经·说命篇下》说："若作酒醴，尔惟麴蘖；若作和羹，尔唯盐梅。"这说明商周时期梅树不但普遍存在，而且大量应用于日常生活中。

到战国时代（公元前480—前222年）温暖气候依然继续。从《诗经》中所提粮食作物的情况，可以断定西周到春秋时代，黄河流域人民种黍和稷，作为主要食物之用。但在战国时代，他们代之以小米和豆类为生。孟子（约公元前372—前289年）提到只北方部族种黍。这种变化大约主要由于农业生产资料改进之故，例如铁农具的发明与使用。孟子又说，当时齐鲁地区农业种植可以一年两熟（《孟子·告子上》："今夫麰麦……至于日至之时，皆熟矣。虽有不同，则地有肥硗，雨露之养，人事之不齐也。"并参阅潘鸿声、杨超伯《战国时代的六国农业生产》、《农史研究集刊》第二册第59页，1960年，科学出版社）。比孟子稍后的荀子（约公元前313—前238年）证实此事。荀子说，在他那时候，好的栽培家，一年可生产两季作物（《荀子·富国篇》："今是土之生五谷也，人善治之，则亩数盆，一岁而再获之。"见王先谦《荀子集解》，1936年，商务印书馆）。荀子生于现在河北省的南部，但大半时间在山东省工作。近年来直到解放，在山东之南淮河以北习惯于两年轮种三季作物，季节太短，不能一年种两季（根据江苏省1964年气象资料）。二十四节气是战国时代所观测到的黄河流域的气候而定下的（根据清·刘献廷《广阳杂记》卷三）。那时把霜降定在阳历10月24日。现在开封、洛阳（周都）秋天初霜在11月3日到5日左右（根据中国科学院地理研究所1962年资料）。雨水节，战国时定在2月21日。现在开封和洛阳一带终霜期在3月22日左右（根据中央气象局研究所1955年资料。按战国时代原来所定二十四节气，雨水在惊蛰之后，到前汉才把雨水移到惊蛰之前。但无论如何，目前终雪总在战国时代雨水节之后。汉改雨水、惊蛰先后，见宋·王应麟《困学纪闻》第284页）。这样看来，现在生长季节要比战国时代短。这一切表明，在战国时期气候比现在温暖得多。

到了秦朝和前汉（公元前221—公元23年）气候继续温和。相传秦吕不韦所编的《吕氏春秋》书中的《任地篇》里有不少物候资料。清初（公元1660年）张标所著《农丹》书中曾说道《吕氏春秋》云："冬至后五旬七日菖始生。菖者，百草之先生也。于是始耕。今北方地寒，有冬至后六七旬而苍蒲未发者矣。"照张标的说法，秦时春初物候要比清初早三个星期。

汉武帝刘彻时（公元前140-前87年），司马迁作《史记》，其中《货殖列传》描写当时经济作物的地理分布："蜀汉江陵千树橘；……陈夏千亩漆；齐鲁千亩桑麻；渭川千亩竹。"橘、漆、竹皆为亚热带植物，当时繁殖的地方如橘之在江陵，桑之在齐鲁，竹之在渭川，漆之在陈夏，均已在这类植物现时分布限度的北界或超出北界。一阅今日我国植物分布图，便可知司马迁时亚热带植物的北界比现时推向北方。公元前110年，黄河在瓠子决口，为了封堵口子，斩伐了河南淇园的竹子编成为容器以盛石子，来堵塞黄河的决口（见《史记·河渠书》）。可见那时河南淇园这一带竹子是很繁茂的。

到东汉时代即公元之初，我国天气有趋于寒冷的趋势，有几次冬天严寒，晚春国都洛阳还降霜降雪，冻死不少穷苦人民。但东汉冷期时间不长。当时的天文学家、文学家张衡（公元78—139年）曾著《南都赋》，赋中有"穰橙邓橘"之句，表明河南省南部橘和柑尚十分普遍。直到三国时代曹操（公元155—220年）在铜雀台种橘，只开花而不结果（唐·李德裕（公元787—849年）《瑞橘赋·序》："昔汉武致石榴于异国，灵根遐布……魏武植朱于铜雀，华，实莫就"云云。见《李文饶文集》卷二十），气候已比前述汉武帝时代寒冷。曹操儿子曹丕，在公元225年到淮河广陵（今之淮阴）视察十多万士兵演习，由于严寒，淮河忽然冻结，演习不得不停止（见《三国志·魏书·文帝纪》：黄初六年（公元225年）"冬十月，行幸广陵故城，临江观兵，戎卒十余万，旌旗数百里。是岁大寒，水道冰，舟不得入江，乃引还"）。这是我们所知道的第一次有记载的淮河结冰。那时气候已比现在寒冷了。这种寒冷气候继续下来，每年阴历四月（等于阳历五月份）降霜（见《晋书·五行志》下，并参看《古今图书集成·历象汇编·庶征典》卷一〇三至一〇六）。直到第四世纪前半期达到顶点。在公元366年，渤海湾从昌黎到营口连续三年全部冰冻。冰上可以来往车马及三四千人的军队（见司马光《资治通鉴》卷九十五，晋成帝咸康二年纪事）。徐中舒曾经指出汉晋气候不同，那时平均温度大约比现在低2℃～4℃。

南北朝（公元420—589年）期间，中国分为南北，以秦岭和淮河为界。因南北战争和北部各族之间的战争不断发生，历史记载比较贫乏。南朝在南京覆舟山建立冰房是一个有气候意义的有趣之事。冰房是周代以来各王朝备有的建筑，用以保存食物新鲜使其不致腐烂之用的。南朝以前，国都位于华北黄河流域，冬季建立冰房以储冰是不成问题的，但南朝都城在建业（今南京），要把南京覆舟山的冰房每年装起冰来，情形就不同了。问题是冰从何处来？当时黄淮以北是敌人地区，不可能供给冰块；人工造冰的方法，当时还不可能；如果南京冬季温度像今天一样，南京附近的河湖结冰时间就不会长，冰块不够厚，不能储藏。在1906—1961年期间，南京正月平均温度为2.3℃，只有1930年、1933年和1955年三年降低到0℃以下。因此，如果南朝时代南京的覆舟山冰房是一个现实，那么南京在那时的冬天要比现在大约冷2℃，年平均温度比现在低1℃。

大约在公元533—544年，北朝的贾思勰写了一本第六世纪时代的农业百科全书《齐民要术》，很注意当时他那地区的物候性质。他说："凡谷：成熟有早晚，苗秆有高下，收实有多少，……顺天时，量地利，则用力少而成功多。任情返道，劳而无获。"（见《齐民要术·种谷》，第6页，参见《齐民要术今释》，第一分册，第30页，1958年，科学出版社）。这本书代表了六朝以前中国农业最全面的知识。近来的中国农业家和日本学者都很重视这本书。贾思勰生于山东，他的书是记载华北——黄河以北的农业实践。根据这本书，阴历三月（阳历4月中旬）杏花盛开；阴历四月初旬（约阳历5月初旬）枣树开始生叶，桑花凋谢。如果我们把这种物候记载同黄河流域近来的观察作一比较，就可认清第六世纪的杏花盛开和枣树出叶迟了四周至两周，与现今北京的物候大致相似。关于石榴树的栽培，这本书说："十月中以蒲藁裹而缠之，不裹则冻死也。二月初乃解放。"（见《齐民要术·种安石榴》，第57页，参见《齐民要术今释》，第二分册，第270页，1958年，科学出版社）。现在在河南或山东，石榴树可在室外生长，冬天无需盖埋，这就表明六世纪上半叶河南、山东一带的气候比现在冷。

第六世纪末至第十世纪初，是隋、唐（公元589—907年）统一时代。中国气候在第七世纪的中期变得和暖，公元650年、669年和678年的冬季，国都长安无雪、无冰。第八世纪初期，梅树生长于皇宫。唐玄宗李隆基时（公元712—756年），妃子江采苹因其所居种满梅花，所以称为梅妃（见唐·曹邺《梅妃传》，见《说郭》卷三十八）。第九世纪初期，西安南郊的曲江池还种有梅花。诗人元稹（公元779—831年）《和乐天秋题曲江》

诗,就谈到曲江的梅(见《元微之长庆集》卷六《和乐天秋题曲江》诗云:"十载定交契,七年镇相随。长安最多处,正是曲江池。梅杏春尚小,菱荷秋亦衰……"并见《全唐诗》卷四〇一)。与此同时,柑橘也种植于长安。唐大诗人杜甫(公元712—770年)《病橘》诗,提到李隆基种橘于蓬莱殿(见清·仇兆鳌,《杜少陵集详注》卷十)。段成式(约公元803年—863年)《酉阳杂俎》(卷十八)说,天宝十年(公元751年)秋,宫内有几株柑树结实一百五十颗,味与江南蜀道进贡柑橘一样。唐乐史《杨太真外传》说的更具体。他说,开元末年江陵进柑橘,李隆基种于蓬莱宫。天宝十年九月结实,宣赐宰臣一百五十多颗(见唐乐史,《杨太真外传》、《说郭》卷三十八)。武宗在位时(公元841—847年),宫中还种植柑橘,有一次橘树结果,武宗叫太监赏赐大臣每人三个橘子(唐·李德裕,《瑞橘赋·序》、《李文饶文集》卷二十)。可见从八世纪初到九世纪中期,长安可种柑橘并能结果实,应该注意到,柑橘只能抵抗−8℃的最低温度,梅树只能抵抗−14℃的最低温度。在1931年至1950年期间,西安的年绝对最低温度每年降到−8℃以下,二十年之中有三年(1936年、1947年和1948年)降到−14℃以下。梅树在西安生长不好,就是这个原因,用不着说橘和柑了。

唐灭亡后,中国进入五代十国时代(公元907—960年)。在此动乱时代没有什么物候材料可以作为依据。直到宋朝(公元960—1279年)才统一起来,国都建于河南省开封。宋初诗人林逋(公元967—1028年)隐居杭州以咏梅诗而得名。梅花因其一年中开花最早,被推为花中之魁首,但在十一世纪初期,华北已不知有梅树,其情况与现代相似。梅树只能在西安和洛阳皇家花园及富家的私人培养园中生存。著名诗人苏轼(公元1037—1101年)在他的诗中,哀叹梅在关中消失。苏轼咏杏花诗有"关中幸无梅,赖汝充鼎和"(见《苏东坡集》第四册,第86页《杏》,商务印书馆"国学基本丛书"本)之句。同时代的王安石(公元1021—1086年)嘲笑北方人常误认梅为杏,他的咏红梅诗有"北人初未识,浑作杏花看"(见《王荆文公诗》卷四十《红梅》。并参阅宋·李壁《王荆文公诗笺注》,1958年,中华书局)之句。从这种物候常识,就可见唐、宋两朝温寒的不同。

十二世纪初期,中国气候加剧转寒,这时,金人由东北侵入华北代替了辽人，占据淮河和秦岭以北地方，以现在的北京为国都。宋朝（南宋）国都迁杭州。公元1111年第一次记载江苏、浙江之间拥有2250平方公里面积的太湖，不但全部结冰，且冰的坚实足可通车（见元·陆友仁《砚北杂志》卷上、《宝颜堂秘笈》普集第八）。寒冷的天气把太湖洞庭山出了名的柑橘全部冻死。在国都杭州降雪不仅比平常频繁，而且延到暮春。根据南宋时代的历史记载，从公元1131年到1260年，杭州春节降雪。每十年降雪平均最迟日期是4月9日，比十二世纪以前十年最晚春雪的日期差不多推迟一个月。公元1153—1155年，金朝派遣使臣到杭州时，靠近苏州的运河，冬天常常结冰，船夫不得不经常备铁锤破冰开路（金·蔡珪《撞冰行》："船头傅铁横长锥，十十五五张黄旗。百夫袖手略无用，舟过理棹徐徐归。吴侬笑向吾曹说：'昔岁江行苦风雪，扬锤启路夜撞冰，手皮半逐冰皮裂。'今年穷腊波溶溶，安流东下闲篙工。江东贾客借余润，贞元使者如春风。"见金·元好问编《中州集》卷一，1962年，中华书局）。公元1170年南宋诗人范成大被派遣到金朝，他在阴历九月九日即重阳节（阳历10月20日）到北京，当时西山遍地皆雪，他赋诗纪念（《范石湖集》卷十二《燕宾馆》诗自注："至是适以重阳，……西望诸山皆缟，云初六日大雪。"）。苏州附近的南运河冬天结冰，和北京附近的西山阳历10月遍地皆雪，这种情况现在极为罕见，但在十二世纪时似为寻常之事。

十二世纪时，寒冷气候也流行于华南和中国西南部。荔枝是广东、广西、福建南部和四川南部等地广泛栽培的果树，具有很大经济意义的典型热带果实之一。荔枝来源于热带，比橘柑更易为寒冷气候所冻死，它只抵抗-4℃左右的最低温度。1955年正月上旬华东沿海发生一次剧烈寒潮，使浙江柑橘和福建荔枝遭受到很大灾害。根据李来荣写的《关于荔枝、龙眼的研究》一书，福州（北纬26°42′，东经119°20′）是中国东海岸生长荔枝的北限。那里的人民至少从唐朝以来就大规模地种植荔枝。一千多年以来，那里的荔枝曾遭到两次全部死亡：一次在公元1110年，另一次在公元1178年，均在十二世纪。

唐朝诗人张籍（公元765—约830年）《成都曲》一诗，诗云："锦江近西烟水绿，新雨山头荔枝熟。"（见《全唐诗》卷三八二。按宋·陆游《老学庵笔记》卷五云："张文昌《成都曲》云：'锦江近西烟水绿，新雨山头荔枝熟。万里桥边多酒家，游人爱向谁家宿。'此未尝至成都者也。成都无山亦无荔枝。苏黄门诗云：'蜀中荔枝出嘉州，其余及眉半有不。'"陆游只知道宋时成都无荔枝，但并不能证明唐代成都也无荔枝。）说明当时成都有荔枝。宋苏轼时候，荔枝只能生于其家乡眉山（成都以南60公里）和更南60公里的乐山，在其诗中及其弟苏辙的诗中都有所说明。南宋时代，陆游（公元1125—1210年）和范成大（公元1126—1193年）均在四川居住一些时间，对于荔枝的分布极为注意。从陆游的诗中和范成大所著《吴船录》书中所言（参看陆游《老学庵笔记》和范成大《吴船录》），十二世纪，四川眉山已不生荔枝。作为经济作物，只乐山尚有大木轮围的老树。荔枝到四川南部沿长江一带如宜宾、泸州才大量种植。现在眉山还能生长荔枝，然非作为经济作物。苏东坡公园里有一株荔枝树，据说约有一百年了。现在眉山市场上的荔枝果，是来自眉山之南的乐山以及更为东南方的泸州。由此证明，今天的气候条件更像北宋，而比南宋时代温暖。从杭州春节最后降雪的日期来判断，杭州在南宋时候（十二世纪），四月份的平均温度比现在要冷1℃～2℃。

十二世纪刚结束，杭州的冬天气温又开始回暖。在公元1200年、1213年、1216年和1220年，杭州无任何的冰和雪。在这时期著名道士丘处机（公元1148—1227年）曾住在北京长春宫数年。于公元1224年寒食节作《春游》诗云："清明时节杏花开，万户千门日往来。"（元·李志常撰，《长春真人西游记》卷一，第38页。见"榕园丛书"本）可知那时北京物候正与北京今日相同。这种温暖气候好像继续到十三世纪的后半叶，这点可从华北竹子的分布得到证明。隋唐时代，河内（今河南省博爱）、西安和凤翔（陕西省）设有管理竹园的特别官府衙门，称为竹监司，南宋初期，只凤翔府竹监司依然保留，河内和西安的竹监司无生产取消了（宋乐史《太平寰宇记》卷三十，"凤翔府·司竹监"条："又按汉官有司竹长丞，魏晋河内园竹各置司宇之官。江左省，后魏有司竹都尉。北齐后周俱阙。隋有司竹监及丞，唐因之，在京北、鄠、盩厔、怀州、河内。皇朝唯有鄠、盩厔一监，属凤翔。"）。元朝初期（公元1268—1292年），西安和河内又重新设立"竹监司"的官府衙门，就是气候转暖的结果。但经历了一个短时间又被停止（《元史·食货志》：至元二十九年（公元1292年）"怀（庆）、孟（津）竹课，频年斫伐已损，课无所出云云。），只有凤翔的竹类种植继续到明代初期才停（见陕西《盩厔县志·古迹》，清乾隆时修）。这一段竹的种植史，表明十四世纪以后即明初以后，竹子在黄河以北不再作为经济林木而培植了。

十三世纪初期和中期比较温暖的期间是短暂的，不久，冬季又严寒了。根据江苏丹阳人郭天锡日记，公元1309年正月初，他由无锡沿运河乘船回家途中运河结冰，不得不离船上岸（元《郭天锡日记》，杭州浙江省图书馆有手录稿，仅存公元1309年冬天两个月的日记。见《知不足斋丛书》第一集）。公元1329年和1353年，太湖结冰，厚达数尺，人可在冰上走，橘尽冻死。这是太湖结冰记载的第二次和第三次（元陆友仁，《砚北杂志》卷上）。蒙古族诗人迺贤（公元1309—1352年）的诗集中，有一首诗，描述1351年山东省白茅黄河堤岸的修补和同年阳历11月冰块顺着黄河漂流而下，以致干扰修补工作（元·迺贤《金台集》，见《诵芬室所刊书》集二，《新堤谣》记述至正十一年（公元1351年）河决白茅，泛滥千余里，人民流离失所惨况，乃作此歌。中有"大臣杂议拜都水，设官开府临青徐，分监来时当十月，河冰塞川天雨雪，调夫十万筑新堤，手足血流肌肉裂，监官号令如雷风，天寒日短难为功"云云）。黄河流域水利站近年记载表明，河南和山东到12月时，河中才出现冰块。可见迺贤时黄河初冬冰块出现要比现在早一个月。

迺贤居住北京数年，在他的关于家燕的一首诗中（同上《京城燕》诗，自注云："京城燕子，三月尽方至，甫立秋即去。"并见陈衍辑《元诗纪事》卷十八），慨叹家燕不过是一个暂时的过客，"三月尽（阳历4月末）方至，甫立秋（阳历8月6—7日）即去"，停留那样短的时间，同现在的物候记载相比来去各短一周。从上述的物候看来，十四世纪又比十三世纪和现时为冷。第十三四世纪时期，我国物候的变迁和日本樱花物候又是相符合的。

气候的寒温也可以从高山顶上的雪线高低断定。气候冷，雪线就要降低。在十二、十三世纪时，我国西北天山的雪线似乎比现在低些。《长春真人西游记》记述丘处机应成吉思汗邀请，由山东经蒙古、新疆到撒马尔罕，于公元1221年10月8日（阳历）路过三台村附近的赛里木湖。丘处机在游记中说："大池方圆几二百里，雪峰环之，倒影池中，名之曰天池。"（元·李志常撰，《长春真人西游记》卷一，第16页，见"榕园丛书"

本）。这个湖的海拔高度是2073米，而围绕湖的最高峰大约再高出1500米。作者于1958年9月14日和16日两次途经赛里木湖时，直至山顶并无积雪。当前，天山这部分雪线位于3700～4200米之间。考虑到丘过这个地方时的季节，如山顶已被终年雪线所盖，则当时雪线大约比现在较低200到300米。

我国南宋的气候

竺可桢

研究欧西历史上气候之变迁者，颇不乏人，而首推布吕克纳（Brückmer）氏。依其调查之结果，则欧洲在十二世纪初叶以迄十四世纪初叶二百年间，其天气似较其余各世纪为冷。公元十二、十三两世纪适当我国南宋（公元1127—1279年）及元代（公元1280—1397年）初叶。我国与欧洲同处北温带，同在一大陆上（近世地理学家多认欧亚为一洲而非两洲），则寒凉温热，不无连带之关系。试以我国历史上所记之事实证明之。

"二十四史"中，降雪记载之多，首推宋史，而尤以南宋为最多。计上自高宗绍兴五年（公元1131年），下迄理宗景定五年（公元1264年），133年间，专关于首都杭州春间降雪之记载（《宋史》中虽多不注明京师，但不注明地点即足为京师之证），共有41次之多。其间有两次仅记月而不记甲子，其余均有甲子可按（《宋史》卷六十二五行志第十五）。但阴历月日节候无一定。

南宋时武林入春，往往降雪，为期之晚，胜于今日。依近时杭州测候所之调查，自1905—1914年十年间杭州平均终雪期为阳历2月23日，而最后终雪期为3月15日（依日本中央观象台出版之日本气候表）。以此而例，南宋时代武林降雪之日期，则足以知南宋时代终雪之晚。

地球上所以有寒温之差别，全视乎日光多寡而定，是以昼夜冬夏温凉不同。欲求地球上气候所以变迁之原因，不能不研究地球所受光热之来源。二十世纪初叶美国著名天文学家纽科姆（Simons Newcomb）证明地球上温度之变迁，与日中黑子有密切之关系。嗣后研究此问题者接踵而起，而其间成绩最佳者，当推德国之柯本与英国之沃尔克（Walker）。依诸人研究之结果，则知日中黑子众多，则地球上温度低减；日中黑子稀少，则地球上温度增高。科学家对于日中黑子之内容性质，虽尚无定论，而与地球上温度有上述之关系，则已为一般所公认者也。

十二世纪时，日中黑子在历史上发现之多，晋代以来，首屈一指。即十三、四两世纪，日中黑子发现之年数，亦复不弱。近世科学家既断定日中黑子众多，为地球上温度降低之征兆，则南宋时代气候之寒冷不亦宜乎。

综上所述，则吾人可以南宋时代春季降雪时期之晚，大寒年数之多，及日中黑子之数，而断定当时气候必较现时及唐、明两朝为冷。试更进一步研究当时终雪时期之晚，与气候所以寒冷之原因。我国东部天气之晴阴温寒，全视乎亚洲中部气压之高下，及风暴所在之地点而定。凡在冬季，风暴均自西藏、蒙古或西伯利亚等地向东行，渡海而往日本（我国风暴所取之途径参见竺可桢《气象学》）。如风暴自长江流域以南入海，则长江流域一带多北风而时降雪。如风暴经黄河流域以入海，则长江流域多南风，或有阴雨，但不降雪。此所以东北风有"雪太公"之称也。南宋时代，暮春常降雪，则风暴南行之征候也。依美国气象学家库尔默（Kullmer）氏之研究，知日中黑子多，则美国风暴亦愈多。且风暴所行之路径，亦视日中黑子数多寡而有不同。日中黑子多，则风暴趋向美国南部，黑子少，则风暴趋向美国北部。我国风暴途径与日中黑子之关系，虽尚乏研究，但在同一带内，度其影响亦必类似。若然，则南宋时代既为历史上日中黑子发现最盛之时期，则风暴固应频仍，而南趋长江流域。此当时杭州之所以入春多雪也（我国风暴秋少春多，故风暴南下于春季影响尤大）。

方志时期的气候

竺可桢

　　到了明朝（公元1368—1644年），即十四世纪以后，由于各种诗文、史书、日记、游记的大量出版，物候的材料散见各处，即使搜集很少一部分已非一人精力所能及。幸而此种材料大多收集在各省、各县编修的地方志中。我国地方志有五千多种。这些地方志，除仪器测定的气候记录外，对于一个地区的气候提供了很可靠的历史资料。上节所述的物候材料只限于生物方面的证据，如气候对于植物生长和动物分布的关系，以及对于当地人民农业操作的影响，只能作为揭示，很少直接证实气候确与现在不同。天气灾害直接与气候有关，当我们有以往的气候资料与现在的气候资料作比较时，我们就更有证据了。

　　各种气候天灾中，我们以异常的严冬作为判断一个时期的气候标准。如平常年里不结冰的河湖结了冰，这是异常的事情。全世界在热带的平原上是看不到冰和雪的，一旦热带平原冬天下雪结冰，这也是异常的事情。本节所讨论的就是这两种异常气候的出现。中国三个最大的淡水湖是鄱阳湖，面积为5100平方公里，洞庭湖为4300平方公里，太湖为3200平方公里。这三个湖均与长江相连。鄱阳湖和洞庭湖位于北纬29°左右，太湖位于北纬31°—31°30′之间。对于河流冰冻，我们以江苏省盱眙的淮河和湖北省襄阳汉水为标准。南京地理研究所徐近之曾经根据这些河湖周围地区的方志作了长江流域河湖结冰年代的统计，和近海平面的热带地区降雪落霜年数的统计，两种统计一共用了665种方志。对于热带地区的降雪只参考了广东省和广西壮族自治区的方志。云南热带地区因海拔太高不包括在内。

　　在公元1400—1900年这五百年中我国的寒冷年数不是均等分布的，而是分组排列。温度冬季是在公元1550—1600年和1770—1830年间。寒冷冬季是在公元1470—1520年、1620—1720年和1840—1890年间。以世纪分，则以十七世纪为最冷，共十四个严寒冬天，十九世纪次之，共有十个严寒冬天。

在这个期间，有一件事似乎是很清楚的，即这个五百年（公元1400—1900年）的最温暖期间内，气候也没有达到汉、唐期间的温暖。汉、唐时期梅树生长遍布于黄河流域。在黄河流域的很多地方志中，有若干地方的名称是为了纪念以前那里曾有梅树而命名的。例如：陕西郿县西北三十余里有梅柯岭，因唐时有梅树故名（见《郿州志·山川》，清道光时修）。山东平度的州北七里有一小山，称为荆坡，据说曾种了满山梅树（见《莱州府志·山川》，清乾隆时修；并见《平度州志·山川》，清道光时修。）目前郿州、平度均无梅。河南郑州西南三十里有梅山，高数十仞，周数里，闻往时多梅花故名（见《郑州志·舆地志》"山川"条）。现已无梅。解放后，郑州市人民政府在郑州人民公园栽种梅树已获得成功。郑州在1951—1959年期间，每年绝对最低温度在-14℃以上，可以说是目前梅树的最北极限。

在这五百年间，我国最寒冷期间是在十七世纪，特别以公元1650—1700年为最冷。例如唐朝以来每年向政府进贡的江西省橘园和柑园，在公元1654年和1676年的两次寒潮中，完全毁灭了（见叶梦珠编《阅世编》，载叶静渊《中国农学遗产选集》上编第45页，四类第十四种"柑橘"）。在这五十年期间，太湖、汉水和淮河均结冰四次，洞庭湖也结冰三次。鄱阳湖面积广大，位置靠南，也曾经结了冰。我国的热带地区，在这半世纪中，雪冰也极为频繁。

在这五百年间，我国物候材料浩繁，非本文所能总结。为了与十四世纪以前的物候材料作比较，这里只选择最冷的十七世纪的两种笔记中所见的物候材料加以论述。一种是《袁小修日记》（袁中道，《袁小修日记》，1935年，上海杂志公司重印）。明万历三十六年至四十五年（公元1608—1617年）间，袁小修留居湖北沙市附近的日记；另一种是清杭州人谈迁著的《北游录》（谈迁，《北游录》，1960年，中华书局）。叙述公元1653—1655年三年间在北京的所见所闻。这两本书，详细记载了桃、杏、丁香、海棠等春初开花的日期。从这两个人的记载，我们可以算出袁小修时的春初物候与今日武昌物候相比要迟7天到10天；谈迁所记北京物候与今日北京物候相比，也要迟一二星期。更可注意的是，十七世纪中叶，天津运河冰冻时期远较今日为长。公元1653年，谈迁从杭州来北京，于阳历11月18日到达天津时，运河已冰冻；到11月20日，河冰更坚，只得乘车到北京。公元1656年，阳历3月5日，谈迁由京启程返杭时，北京运河开始解冻。根据谈迁的记述，可知当时运河封冻期一年中共有107天之久。水利电力部水文研究所整理了1930—1949年天津附近杨柳青站所作的记录，这20年间，运河冰冻平均每年只有56天，即封冻平均日期为12月26日，开河平均日期为2月20日。而据谈迁《北游录》所说，那时北京运河开河日期是在惊蛰节，即阳历3月6日，比现在要迟12天。从物候的迟早，可以算出两个时间温度的差别，据物候学上"生物气候学定律"：春初，在温带大陆东部，纬度差一度或高度差100米则物候差4天。这样就可从等温线图中标出北京在十七世纪中叶冬季要比现在冷2℃之谱。

仪器观测时期的气候

竺可桢

风向仪和量雨器在明朝以前就应用了，到1911年，当时的中国政府才建立正规气象站。1900年以前，中国只有极少数地方有气象记录。明朝初期，量雨器分布于全国不同地区，1424年，朱棣（明成祖）下令地方长官每年向朝廷报告雨量，借以估量各个地区的农业生产，但此事不久即流于形式，以后也就停止了。

清代（公元1644—1910年），北京、南京、杭州和苏州有雨日的记载。北京从公元1724年到1903年的记载，现在仍保存于故宫。这些记载只记录降雨时间的始末，没提数量；只凭肉眼观察，而非仪器测量。1932年，曾对这些记载作过一次分析，并写成报告发表。根据这个报告，由秋季初次降雪到春节末次降雪的平均日期，得出结论是，1801到1850年期间比其前1751—1800年期间和其后1851—1900年期间更为温暖。

1593年，意大利伽利略（Galileo）发明气温表。其后不久，耶稣会教士就把气温表引进中国。十八世纪中叶，耶稣会教士阿弥倭（J·Amiot）测量了1757—1762年的北京每日最低温度和最高温度，其结果发表于法国杂志《Mémoirs de mathématiqùe et de physique》第六卷中。大约一百年后，在1867年，圣彼得堡（现在列宁格勒）俄罗斯科学院派遣付烈旭到北京建立气象与地磁站。他在北京工作十六年，著有《东亚气候》一文。这些论文使我们知道北京十八世纪和十九世纪期间的年平均温度和月平均温度。严格来讲，这些旧资料不能与现代的气象记载相比较，因为观测时间和仪器安置方法等同现在均不相同（如阿弥倭所用的温度计尚是列氏刻度的寒暑表）。由于这些资料是我们仅有的十八、十九世纪的气温记载，所以只能依照其原有数值。

以冬季三个月来讲，二十世纪中期的温度有显著的暖和。12月、1月和2月的平均温度是－2.8℃，较1875—1880年期间的高0.9℃，比十八世纪中期高1.4℃。但1954—1964年间的夏季三个月的平均温度却比前两个期间的温度显著降低。这可能由于近年来中国东部大陆性气候减低，而海洋性气候增强，因为沿东亚海岸海洋上风速加大，增加海洋的影响之故。在北美洲东北部沿海近年也有这种趋势；大西洋沿岸洋流因南北温度差别加大而增加活力，使南北向的风速增大，遂使加拿大东北部冬季增温而夏季减暖。

在我国，北京是最早有温度表测定空气温度的，但记载不完全，中间有很大的间隙。除北京外，上海、香港和天津也有长时间的空气温度记载。上海在十九世纪最后二十五年间，气候十分寒冷，大约比整个期间的冬季（指12月、1月、2月，下同）平均温度4.6℃降低0.5℃。1897年左右，冬季温度达到平均数，随后超过了平均数。在平均数之上停留约十四年。约在1910年左右到1928年，温度又逐渐下降到低于平均数。接着冬季温度又趋向增高，直到1945—1950年，超出平均数达0.6℃。此后，温度逐渐减低，直到1960年回到平均数为止。在这期间，天津的冬季温度趋势，也是波浪式地摆动与上海的平行。但顶峰和底点比上海早几年到来，幅度也较大，而香港的曲线波动顶峰和底点则比上海迟滞，而且滑动平均温度的幅度较小。

从上海九十年左右的气温记录中，可以看出，十九世纪最后二十五年期间的温度为最低，1940年为最高。以上海和同纬度的阿拉伯埃及共和国的亚历山大和开罗两地，在同一期间滑动的十年平均温度（1900年最低，1930年最高）相比，可以发现在下降或衰退期间，上海比开罗早。气候有向西移动的趋势；在上升期间，上海比开罗迟，气候出现向东移的趋势。

上海八十多年左右期间的气候趋势，有些上下摆动的幅度达0.5℃或1℃，这是有很大的经济意义的。它直接影响植物和动物的生长，间接控制病虫害的发生，以及农业操作、农业生产都可能受到影响。所以，重温一下过去的气候史，掌握气候的变化规律，预见将来气候的变化趋势，这对能动地改造客观世界具有重大意义。

在英格兰，曼利（G·Manley）曾对英格兰中部1680到1960年的温度记载，按季和年的十年滑动平均作过研究。发现从1680—1690年低温期间开始，气温有上升趋势。1880到1950年期间，温度上升趋势尤其明显。此后，温度有点下降。与上海、天津相比，英格兰的冬季温度在1930年以后，当天津、上海冬季温度尚在继续上升的阶段，而英格兰的气温则表现下降的趋势。从1260年到1814年，伦敦泰晤士河完全结冰共23次，其中最坚厚而可乘车马通行的是在1309—1310年和1688—1689年冬天。从1814年以后，泰晤士河没有完全冰冻过。

为什么有些冬季气候温和和寒潮很少，而有些冬季寒潮过多而成灾害？如果严重寒潮季节在一定期间再次发生，那么，这种周期性是什么原因呢？有些气象学家相信，太阳黑子的周期与气候的周期有关系。日本和达清夫认为，十九世纪日本稻类作物，由于夏季低温而生长不好的几年，似与太阳黑子最大的几年一致。波兰的科西巴（A·Kosiba）认为，"北半球的极端严冬，是同太阳最活动的亦即太阳黑子最高年有严格的相关"。但是，这种相关，只是在短期内一个地区有效。如中欧的极端严寒冬季，在很多情况下，与北极地区的极端温暖冬季是同时发生的。

天津、上海和香港的最寒冷冬季，均正好发生于1957和1893年，正是太阳黑子最大的年，这似乎支持了和达清夫和科西巴的观点。但是，如果我们顺着线索，追溯到十九世纪和十八世纪最寒冷的冬季和最寒冷的年代，把它们同太阳黑子最大的年相比，我们就可看出它们并非总是一致的。总之，太阳的活动，如太阳黑子的多少虽影响到地面上的气候，但其关系相当复杂，到目前我们还没能探索出一个很好的规律出来。

我国自然地理的分区

竺可桢

　　所谓自然地理，一方面包括地貌、水文、气候和土壤，另一方面包括动物、植物、微生物等自然分布现象。这些自然因素是互相关联、互相制约、互相推动着的。在人类改造自然以前，地球上的每个地区都有它原有的面貌和组织，这就是所谓"自然区域"。自然区域一般是以植（物）被（覆）的类型如森林、草地、沙漠来区分的。我国因为地域广大，环境复杂，植物种类繁多，并且兼有寒温带、温带、副热带、热带几种类型，各地区的气候、土壤、地形和差异既大，而且气候、土壤、地形的不同组合和相互影响，又都根本地影响着各地区的植被群落。一般说，影响植物分布最重要的因子是气候、地形和土壤。这些自然因素决定了我国植被的分带。沿着大兴安岭，向西南经过吕梁山、陇山、兴隆山（兰州以南），到昌都和波密的一线，可以将我国分为东南和西北两个半壁。在中国科学院植物研究所钱崇澍和吴征镒等所编的《中国植被区划草案》里，把我国的植被分为12带。其中东南湿润半壁7带，以各种森林类型为主；西北干燥半壁5带，以草原和荒漠植被为主。从昆仑山循着秦岭到淮河和长江一线，又把西北、东北两半壁各分为两半。西北半壁的北部蒙古高原和新疆高原，以草原和荒漠植被为主；半壁的南部青藏高原，主要为高山草地和冻荒漠。在东南半壁的北部，是一般所谓北方，以阔叶落叶林（夏绿林）和针叶林为主。在东南半壁的南部，是一般所谓南方，以各种类型的阔叶常绿林为主，只是在西南部以及某些东南高山（如台湾）才有云杉、冷杉等针叶林的大量存在。

　　几十万年以来，人类从旧石器时代进化到新石器、铜器和铁器时代，他们干涉自然和破坏自然的能力也慢慢地大起来了。到了我们的历史时期，人们为了种庄稼，最初是在黄河流域的平原上和高原上开荒，以后就渐渐地进入山区开荒。到了春秋的时候，黄河流域的山区已经大部分被开发，当时就有一句俗语说道："筚路蓝缕，以启山林。"意思就是说，过去生活贫困的人，因为统治阶级夺占了平原的耕地，经常推着柴车，穿着褴褛的衣服去开辟山林。他们在开辟的时候，不论山上被覆的是森林还是草皮，统统加以破坏，再来耕种。这样的一种开垦方式，使得原来在那里的植被，全被破坏。在黄河流域的黄土区域内，夏季骤雨密集，土壤容易被冲刷，便造成了严重的水土流失。

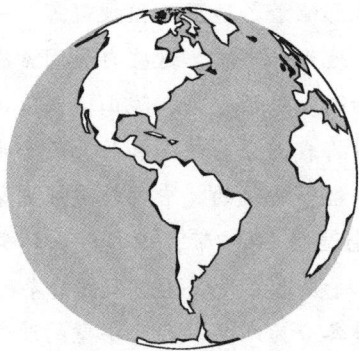

中国的亚热带

竺可桢

亚热带或副热带原是气象学上的一个名词，它的地位介于热带与温带之间，是一个过渡地带。它首先具有一个高气压带，所以一般称为亚热带高气压带。高气压的位置冬夏有若干南北向的移动。在北半球，这高气压脊冬天在北纬30°，到夏季北移至北纬38°；在南半球，冬天在南纬28°，到夏天南移至南纬35°。这亚热带高气压带冬夏在地球面上的南北移动就影响到风带的移动，介于亚热带于赤道之间为东北信风带（北半球）或东南信风带（南半球），介于亚热带与高纬度之间有所谓西风带。信风带与西风带迥然有别，在西风带经常有风暴，天气冷暖、晴雨不常，而信风带内则除少数小范围热带风暴外，天气比较稳定。一般所谓亚热带气候是兼具西风带和信风带气候，即冬天经常有风暴，天气变化不常，而夏天则天气一般稳定少雨。这就是代表性的亚热带气候，在世界上最著名的是地中海区域，包括西班牙、葡萄牙、意大利以至近东诸国和北非洲地中海沿岸诸国。

但有代表性的亚热带气候实际上只限于大陆的西部或大洋的东岸。如在大陆中心，地面低的地方亚热带均为沙漠旱海，如中央亚细亚即其例。地面高处则成山岳高原气候，如西藏即其例，均和地中海气候无相似处。如在大陆东岸则如我国和日本，为季风气候带，冬季严寒而干燥，夏季酷热而多雨，与地中海气候又迥不相同。所以单从气候学观点出发已经有说明亚热带范围和气候特征的必要。

要确定亚热带地区的位置和性质，可从不同的观点出发，而最重要的是从实用观点和发生观点出发。所谓发生观点即追求亚热带气候之所以形成的原因，如高气压的移动、风带的变迁、气团的进退等。所谓实用观点即申明亚热带地区的生物资源，尤其是农产品和温带及热带有何不同之处，以及亚热带气候对于作物生长发育和越冬的影响等。划分亚热带最好能把这两种观点同时顾到。

苏联科学家对亚热带的划分，可以从气候学家阿列索夫、已故地理学家Ｊ·Ｃ·贝尔格院士和农业气候学家Ｔ·Ｔ·谢良尼诺夫三个不同的分法得其梗概。莫斯科大学气候学教授罗蒙诺·阿列索夫分世界气候为7个带，即：（1）赤道气团带，（2）赤道季风气团带，（3）热带，（4）副热带，（5）温带，（6）亚极带，（7）极带。其中亚热带又分为大陆性亚热带和海洋性亚热带。阿列索夫的分法是从发生观点出发的，对于气候特征以一地方盛行气团为标志，从气团的性质不但可以知近地面层空气温度和湿度，而且也可以知道空气层上下排列和是否稳定。这方法优点很多，但应用到中国，由于夏季风所及范围甚广，他主张在亚洲东部，以夏天赤道季风能达到之界限，亦即他所谓热带锋之所在为热带的北界；以夏天热带季风所能达到之界限，亦即他所谓极锋之所在为亚热带的北界。照他的分法，我国的亚热带将包括东北的辽宁、吉林和一部分黑龙江省、华北全部、内蒙和新疆的大部，以及长江流域（四川、湖南、江西三省的极南部分除外），再加福建的北部，以纬度论可从北纬45°至25°。照此分法将使福州和长春、桂林和包头统属于亚热带，因之使华南和东北、内蒙处于同一气候带，在农产品方面，与过去我国人民对于温带、亚热带的传统观念相距太远，在实际应用上似亦不合适。

贝尔格院士的世界气候分区虽已有三十多年历史，应用仍然很广，如Ａ·Ａ·波列沙夫所著《气候学》和柯斯金所著《气象与气候学原理》两书均应用他的气候分区图。贝尔格把世界分为11个自然区域：（1）苔原，（2）泰加林，（3）温带森林，（4）温带季风带，（5）草原，（6）亚热带沙漠，（7）地中海气候，（8）亚热带森林，（9）热带沙漠，（10）热带森林草原，（11）热带雨林。贝尔格的亚热带森林带北界沿淮河流域、秦岭，然后向西南包括四川盆地；南界直至海南岛以南，向西包括越南红河流域和印度恒河流域。贝尔格的分区是自然分区，应用到实践比较容易，但把淮河流域和海南岛划成一区并名之为亚热带森林实嫌广泛。

苏联农业气候学家T. T. 谢良尼诺夫在他近著《苏联的农业气候区划》一文中曾经指出"亚热带一词的名称最不明确"。他认为亚热带夏天应与热带无别，但冬季比较冷，最低温度常至零度以下，可以种温带作物如小麦等。在亚热带，农作物一年可以两熟。以积温4000℃为其北界。但在沿海则积温可略小，北界的纬度为43°—44°。在苏联大陆性亚热带平原上的标准作物是棉花，在山区则是野生葡萄、胡桃和杏树。在南卡查赫斯坦冬季最温暖的地段有人企图试种茶树，但效果不大。在地中海亚热带区、黑海沿岸和高加索山以南，典型作物是无花果、葡萄和棉花。科尔希达区是地中海气候的特殊变形气候小区，年降水量多至1000毫米以上，1月份平均温度4℃—8℃，为苏联冬季最温暖的地点，7月份平均温度为23℃—24℃，典型作物是茶树、柑橘类、油桐，此外有竹、棕榈、桉树，一年农作物则有玉米、大豆和烟草。谢良尼诺夫并郑重指出，这个气候区在苏联是生产成本最小而生产率最大的区域。但是就在这个区域经过1930年特殊寒冷的冬季，多年生的甜橙、柠檬和桉树许多被冻死了。

我国亚热带的北界接近于北纬34°，亦即淮河、秦岭、白龙江线直至东经104°，再向西则山、积石山等已是昆仑余脉，为高山气候带。淮河、秦岭、白龙江也靠近一年两熟的北界。亚热带的南界则横贯台湾的中部和雷州半岛的南部，即在北纬22°30′—21°30′左右。苏联疆域无一处接近热带，美国和我国的纬度约略相等。据美国气候学家T. A. 布莱尔的意见，亚热带的南界应为最冷月平均温度18℃，他认为1月份平均温度到18℃时即无霜冻的危险。但我国最冷月平均温度16℃却接近于全年无霜这条线，从地植物学着眼，热带植物的分布以北纬21°30′左右为北界，故认为最冷月16℃等温线和积温8000°作为我国亚热带南界比较合适。

我国西部康藏地区因地处高寒，无亚热带可言，但新疆有否亚热带颇成问题。在夏季南疆无地可以种各种一年生亚热带作物，但从积温和生长季节看来，则除个别地区外即南疆亦应列入亚热带。又因绝对最低温度均在-20℃以下，使多年生亚热带植物不能生长，故从地植物学观点看来亦不宜列入亚热带。

我国亚热带标准植物有：山毛榉科、樟科、茶科、冬青科、杜鹃科等常绿阔叶树。马尾松、柏木、杉木等针叶树，以及油茶、柑橘、棕榈、油桐、乌桕、毛竹和枇杷等，在我国东部分布纬度为北纬21°—35°，至于一年生作物如棉花、水稻，其分布范围甚广，可从两广直至东北，实不足以定亚热带之界限。

太阳辐射总量

竺可桢

在自然界中植物的叶绿素通过光合作用能吸收空中的二氧化碳使与从土壤中所吸收的水分化合而成有机质碳水化合物，一切动物和人类赖以滋生。人类粮食的大部分也是碳水化合物。叶绿素创造碳水化合物必须经太阳辐射能的光合作用，而太阳辐射能是因时因地而异，这是一个最基本的气候因素。辐射能是以地球空气以每平方厘米上1分钟内所受到太阳垂直平面照射的能量来计算，已经测得为每平方厘米1.94卡。在地面上的太阳辐射能要看太阳在空中位置的高低、空气的清浊与云量的多少而不同。一般说来，纬度愈高，太阳辐射的年总量也愈小。据苏联列宁格勒地球物理总台布德科从世界上1400台站所测得辐射年总量分布所绘图，我们知道世界上辐射年总量最大是在非洲撒哈拉和近东阿拉伯沙漠地区，为每平方厘米200大卡（1大卡等于1千卡），最少是靠近南极圈和北极圈为80大卡（南北极圈内因乏材料从略）。我国各地年总辐射量曾由中国科学院地理研究所左大康等根据1957—1960年26个太阳辐射台站记录和按公式计算了的136个地点的数字制成全国总辐射量分布图。

植物叶绿素之所以能制造各种碳水化合物，其能源全靠日光辐射能，从一个地方年总辐射量可以初步推算每公顷或每亩地上在假定理想状况下所能产生的农作物产量。我国长江下游和华南广大区域年总辐射量为每平方厘米120大卡，换算得每公顷120亿大卡，或每亩8亿大卡。根据奥尔布里顿（Albritton）资料，一克植物碳水化合物完全燃烧所放出的热量为4.25大卡，也就是说，假定植物光合作用的效率是100%的话，每形成一克干物质需要4.25大卡的热量。如植被能把一年中所照射的太阳辐射尽数吸收利用而制成碳水化合物，则在长江流域下游和华南大部地区可以计算出每公项可得2823公吨的干物质的收获（包括枝干、根叶和谷粒）或每亩188.2公吨的干物质收获。但自然植被利用辐射于光合作用的效率是不高的，一般只达1‰至1%，估计平均为5‰，在最有利条件下亦只能到5%。

而且粮食如单季水稻在长江流域，4月下种，8月收获，为期不过150天，这一季度总辐射量不超过全年50%，如以米谷占水稻干物质总重量的比以50%计算，每年只用一个生产季度辐射量，光率效能以1%计，则每季每亩可实得稻米941市斤。这一数字是在土、肥、水、种、密、保、工、管各方优良条件下依植被利用辐射能的效率而求出来的。若提高辐射能利用率可能达到限度3%，则每亩单季水稻产量即可达2823市斤。中国科学院化工冶金研究所所长叶渚沛从土地肥力来计算每亩单季水稻最高产量，得出结果为2494市斤，中国科学院植物研究所副所长汤佩松从植物生理眼光来计算得出华北地区最高水稻产量为2500市斤。上数约计利用辐射能的效率为2.6%。这是可能做到的数字。但在过去把单季稻亩产指标提高到1万市斤以上，这就不切实际了。

有人可能提出疑问，说水稻是适宜于热带的作物，如水稻产量随太阳辐射能的多少为转移，则水稻的单位面积产量应以在赤道附近和热带中的菲律宾、泰国、缅甸和印度等国为最高，随纬度的增高而减少，但实际上适得其反，产量以在地中海亚热带的西班牙、意大利为最高，澳大利亚、阿联酋、日本等次之，而热带国家如印度、菲律宾、泰国的单位面积产量反而最低，这是什么缘故呢？

从气候条件方面着想，理由很简单。首先，稻米是夏季作物，而夏季6、7、8各月的辐射量在地中海诸国，诸如西班牙、意大利、阿联酋等的太阳辐射能均超出东南亚各国。以我国各省而论，1952年和1957年两年的稻米单位面积产量中，各省区平均最高产量并不在江南的两湖或江浙，而在日光辐射强大的陕西省。上海市的稻米单位面积产量不及天津和北京，天津市的水稻单位面积产量要高出上海的三分之一。可以推想，夏季北方辐射能的强大胜于南方是起了作用的。又如青海德令哈农场虽处在海拔二三千米的高寒荒漠灌区，1959年春小麦产量平均超出1000市斤，也是由于夏季日间光合作用时间长，强度高，有利同化碳水化合物的合成，而晚间温度低，减少植株消耗量的缘故。其次，太阳辐射能虽是农业单位面积产量的一个重要因素，但若不从土、肥、水、种等因素下功夫、做工作，而仅仅靠辐射能，那真是所谓靠天吃饭了。换而言之，热带地区稻米单位面积产量之所以低落，正因为热带区域农业科学技术的落后和人事管理制度之需改进，也即对农业八字宪法之不够注意。至于热带地区土壤瘠薄，作物病虫害繁多，都是可用科学技术力量来克服的。在同样科学技术和人事管理水平下，热带的单位面积产量应该能超过高纬度与中纬度国家的产量。英国牛津大学农业研究室主任克拉克曾举热带草地每年产干草每公顷80吨的例子，比温带地区的高产量要高出五倍之多。同时在热带一年中能种两造或三造，而中、高纬度只能种一造，所以只要土、肥、水等因素照顾得好，热带地区农作物的产量高于中纬度与高纬度应无问题的。

我们知道，我国辐射年总量最高地区在西藏，为160～190大卡，青海、新疆和黄河流域次之，为120～160大卡，而长江流域与大部分华南地区则反而较少，为90～120大卡。与世界各国相比，我国西北地区不亚于地中海沿岸的阿联酋、西班牙和意大利，即长江流域与华南较之日本与西欧仍不愧为天赋独厚的地区。

参 考 书 目

《科学家谈二十一世纪》，上海少年儿童出版社，1959年版。

《论地震》，地质出版社，1977年版。

《地球的故事》，上海教育出版社，1982年版。

《博物记趣》，学林出版社，1985年版。

《植物之谜》，文汇出版社，1988年版。

《气候探奇》，上海教育出版社，1989年版。

《亚洲腹地探险11年》，新疆人民出版社，1992年版。

《中国名湖》，文汇出版社，1993年版。

《大自然情思》，海峡文艺出版社，1994年版。

《自然美景随笔》，湖北人民出版社，1994年版。

《世界名水》，长春出版社，1995年版。

《名家笔下的草木虫鱼》，中国国际广播出版社，1995年版。

《名家笔下的风花雪月》，中国国际广播出版社，1995年版。

《中国的自然保护区》，商务印书馆，1995年版。

《沙埋和阗废墟记》，新疆美术摄影出版社，1994年版。

《SOS——地球在呼喊》，中国华侨出版社，1995年版。

《中国的海洋》，商务印书馆，1995年版。

《动物趣话》，东方出版中心，1996年版。

《生态智慧论》，中国社会科学出版社，1996年版。

《万物和谐地球村》，上海科学普及出版社，1996年版。

《濒临失衡的地球》，中央编译出版社，1997年版。

《环境的思想》，中央编译出版社，1997年版。

《绿色经典文库》，吉林人民出版社，1997年版。

《诊断地球》，花城出版社，1997年版。

《罗布泊探秘》，新疆人民出版社，1997年版。

《生态与农业》，浙江教育出版社，1997年版。

《地球的昨天》，海燕出版社，1997年版。

《未来的生存空间》，上海三联书店，1998年版。

《宇宙波澜》，三联书店，1998年版。

《剑桥文丛》，江苏人民出版社，1998年版。

《穿过地平线》，百花文艺出版社，1998年版。

《看风云舒卷》，百花文艺出版社，1998年版。

《达尔文环球旅行记》，黑龙江人民出版社，1998年版。